Silke Friedrich

Deutsch- und englischsprachige Werbung

Textpragmatik, Medialität, Kulturspezifik

Frank & Timme
Verlag für wissenschaftliche Literatur

ISBN 978-3-7329-0152-4
ISSN 0939-8945

Herstellung durch Frank & Timme GmbH,
Wittelsbacherstraße 27a, 10707 Berlin.
Printed in Germany.
Gedruckt auf säurefreiem, alterungsbeständigem Papier.

www.frank-timme.de

Inhaltsverzeichnis

Abbildungsverzeichnis

1. Einleitung

> „Nur nichts Beharrendes, nur keine Dauer, nur kein Gleichbleiben: denn jedes Neue ist besser, schon weil es jünger ist als das alte“
> (Bahr 1971: 154, nach Hartmann 1992: 22).

H. Hartmann konstatiert mit diesem Zitat H. Bahrs einen wichtigen werbepsychologischen Grundsatz (vgl. Hartmann 1992: 22). H. Bahr resümiert darin ein wesentliches Merkmal der Werbeindustrie und womöglich der heutigen westlichen Gesellschaft generell: den Drang nach stetiger Veränderung und Erneuerung. Zwar dürfte ein grundlegender Wunsch nach Veränderung auch schon in früheren Zeiten vorherrschend gewesen sein, doch scheint es, dass in einer Zeit, in der das Einkaufen eine verbreitete Freizeitbeschäftigung ist, einer Zeit nie dagewesener Übersättigung und des Überflusses, dieses Konsumverhalten auf die Spitze getrieben wird. Nach R. Szallies weist der Konsument heute den Drang auf, sich über seinen Konsum zu individualisieren (Szailles 1987: 326, nach Klüver 2009: 44). J. L. Cachelin sieht darin auch eine Überforderung des Konsumenten: „Es ist die Komplexität, die das Individuum bedroht, weil es in der stetig steigenden Unübersichtlichkeit der Multioptionsgesellschaft Probleme hat, sich zu orientieren“ (Cachelin 2009:1). Diese Ausgangssituation erleichtert es den Werbefachleuten natürlich nicht immer neue Kaufanreize für ein Produkt zu wecken. Im Jahr 1982 jedoch sprach der renommierte Marketingexperte W. Kroeber-Riel ein Bekenntnis aus, das solche Bedenken zerstreut: „Werbung ist nachweisbar in der Lage, das Verhalten der Konsumenten zu steuern. Werbung hat Beeinflussungswirkungen, die der einzelne nicht durchschaut, die oft automatisch eintreten und dadurch zwanghaft wirken (…)“ (Haubl 1992: 13).

Ob die Konsumenten tatsächlich in solchem Maß fremdbestimmt werden, ist eher fragwürdig. In jedem Fall befördern und festigen solch unverhüllte Aussagen eines Branchenvertreters in den Käufern eine gewisse Missgunst gegenüber der Werbebranche, die sich gern neuester psychologischer Forschungserkenntnisse bedient. R. Haubl wendet jedoch ein, dass sich ein Umdenken bezüglich der generellen Einstellung zur Werbung innerhalb der Bevölkerung erkennen lässt: Wurde Werbung früher aus moralischen, ideologiekritischen oder ästhetischen Gründen abgelehnt, so wächst in den letzten Jahren zunehmend die gesellschaftliche Akzeptanz für Werbung – vor allem bei jungen Menschen. Dieser Wandel belegt auch die 2012 im Auftrag der Bauer Verlagsgruppe und der Axel Springer AG durchgeführte VerbraucherAnalyse VA [sic][1], die ermittelte, dass die befragten Deutschen ab 14 Jahren Werbung allgemein, im Fernsehen und in Zeitschriften und Zeitungen, als positiv bewerten (vgl.Web 56). R. Haubl rechnet der Werbeindustrie an, dass sie zweifellos intelligenter oder zumindest ästhetisch raffinierter geworden ist (vgl. Haubl 1992: 9), da gleichzeitig auch der Druck auf die Anzeigenwerbung, den neuen ästhetischen Ansprüchen zu genügen, wächst (vgl. ebd., 10). Denn schon lange sind die Zeiten vergangen, in denen Werbeanzeigen als simple Produktinformation fungierten, die nüchtern den Nutzwert eines Produktes aufführten. Zur Verkaufssteigerung reichte diese Taktik bei zunehmender Konkurrenz nicht mehr aus.

Nach S. Bendel erschien die erste überlieferte Werbeanzeige 1622 (vgl. Bendel 1998: 208 nach Tschörner 2007: 14). Warenanzeigen werden seit dem 17. und 18. Jahrhundert in Zeitungen abgedruckt, allerdings fehlten diesen Anzeigen nach R. Haubl noch „die großen regionalen Märkte und eine auf sie bezogene warenästhetische Absatzstrategie“ (Haubl 1992: 19). Er fährt fort, dass mit solchen Kleinanzeigen zunächst schwerpunktmäßig Handelswaren der Produktbereiche „Gesundheit, Hygiene, Haus- und Handarbeit“ beworben wurden, sodass erst im Laufe der Zeit „Waren des ‘gehobenen Konsums’“ hinzukamen. Da aber viele kleinformatige Anzeigen auf einer Seite platziert wurden, mussten die Anzeigen immer raffinierter gestaltet werden, um in der Masse der Anzeigen nicht unterzugehen (vgl. ebd., 22). Erst Ende des 19. Jahrhunderts entwickelte sich laut R. Haubl „Werbung in Europa und Nordamerika zu einer eigenständigen Branche, die sehr um Professionalisierung bemüht [war]“ (ebd., 18).[2] Produkte müssen heute über ihren offensichtlichen Nutzen hinaus noch mehr in einem Konsumenten auslösen, damit das primäre Ziel, der Produktkauf, verwirklicht wird. R. Karl drückt dies metaphorisch aus, indem sie sagt, dass „gute Werbung das Verlangen der Masse (…) entfachen [muss]“ (Karl 2011: 31). Die Werbung entwickelte im Laufe der Zeit immer raffiniertere, tiefenpsychologi-

---

1 Siehe Anhang 1, Seite 131.

2 Historisch gesehen war das Plakat das „erste werblich genutzte Massen-Bild-Medium“, das seit Mitte des 19. Jahrhunderts in den Straßen der Städte zu sehen war (vgl. Haubl 1992: 20).

sche Strategien, um über verschiedene, mediale Kanäle alltäglich auf die potentiellen Käufer einwirken zu können. Bei den Käufern hinterlässt dies jedoch das dumpfe Gefühl, dass sie auf unmerkliche, „geheime" Art und Weise verführt wurden.[3] U. Eicke bezeichnet Werbung deswegen als „emotionale Konditionierung: Der Konsument nimmt die Werbung wahr, ist sich jedoch meistens nicht bewusst, auf welche Art er beeinflusst wird" (Eicke 1991: 48 nach Klüver 2009: 9). K. Spang erläutert, dass Werbung „(...) eine persuasive Information [ist], die zum Erwerb einer Ware oder Dienstleistung verleiten soll" (Spang 1987: 63). Der Begriff „Werbung" ist nach A. Hemmi auf das germanische Wort *„ *hwerb-a- [sic]"* zurückzuführen, das übersetzt „sich wenden, sich bemühen um etwas" bedeutet (Hemmi 1994: 23). Nach Auffassung von R. Karl beschreibt Werbung „ein großes Bestreben nach vermehrter Beachtung" (Karl 2011: 17). Die Werber benötigen in ihrem Bemühen um die Gunst der Käufer jedoch, stark abstrahiert, zweierlei für ihre „Verführungskünste": Bilder und Worte. Bilder, die der Betrachter tatsächlich auf Werbeanzeigen sieht oder die durch Worte und Anspielung vor seinem geistigen Auge entstehen. Worte, die konzise formuliert und durch sprachliche Mittel rekapitulierbar, dem Konsumenten nicht mehr aus den Kopf gehen.

In dieser Arbeit werden diese Verführungsmechanismen anhand eines Korpus aus jeweils 50 DIN-Seiten pro Sprachrichtung auf linguistischer und ikonischer Ebene analysiert. Im ersten Kapitel werden die Grundlagen der Fachsprache der Werbung detailliert erläutert, die u.a. Kommunikationsmodelle, den Kulturbegriff, die pragmatische, semantische, syntaktisch und morphologische Ebenen umfassen. Ferner werden die Lexik der Werbesprache, das Werbebild und der Werbetext, Merkmale gelungener Slogans und die kommunikative Wahrnehmung behandelt. Von dieser Grundlage ausgehend werden nach der

---

[3] Der „Nachkriegs-Bestseller" (Haubl 1992: 13) „Die geheimen Verführer" des Amerikaners V. Packard aus dem Jahr 1957 begünstigte diese negative Konsumentenhaltung, da V. Packard darin laut Untertitel den „Griff nach dem Unbewußten in jedermann" thematisiert und kritisiert. Dies wurde nach R. Haubl längst als Legende entlarvt, da die „verkaufsstrategische Ineffizienz subliminaler Werbung" (ebd, 13) schon nachgewiesen ist, allerdings halten sich die „Manipulationsängste" (ebd., 13) der Verführten hartnäckig (vgl. ebd., 13). H. Stöckl bezeichnet diese Kritik, nach der der Rezipient der Werbebotschaft „hilflos ausgeliefert ist", als 'Vergewaltigungsthese' oder 'Manipulationsthese' (Stöckl 1997: 83f).

Betrachtung des verwendeten Analysemodells in Anlehnung an H. Stöckl die Ergebnisse der Korpusanalyse aufgeführt. Zur besseren Vergleichbarkeit der Werbung wurden stets Printanzeigen und die Onlinewerbung desselben Produktes bzw. einer anderen Sorte des Produktes ausgewählt. Printanzeigen und Onlinewerbung zählen *per definitionem* zur Kategorie der „Above-the-line-Werbung". G. Siegert und D. Brecheis zufolge wird unter „Above-the-line-Werbung" die klassische Werbung, d.h. „(...) diejenige Werbung, die sich der Massenmedien als Transporteure, d.h. Werbeträger, bedient" (Siegert 2005: 29), verstanden. Der Zentralausschuss der Werbewirtschaft ZAW selektiert Werbeformen nach dem „(...) Merkmal der Erfassbarkeit eines Werbeträgers", um zu entscheiden, ob sie unter die Kategorie „Above-the-line-Werbung" fallen. Konkret bedeutet dies, dass „(...) Werbeschaltungen in Tages-, Wochen- und Sonntagszeitungen, in Zeitungssupplements, im Fernsehen und im Radio, in Publikums- und Fachzeitschriften, in Anzeigenblättern, in Filmtheatern und in Online-Angeboten, zudem die gesamte Außenwerbung und die Werbung in Verzeichnismedien" unter diesem Terminus gefasst werden (ebd., 30).[4] Im letzten Kapitel werden schließlich die kulturellen Unterschiede, die sich aus der Sprachanalyse ergeben, näher betrachtet. Die Schlussbetrachtung erörtert Zukunftstrends der Werbebranche und die Risiken internationalisierter Werbekampagnen.

Als Betrachtungsweise wurde eine synchrone Sprachanalyse mit Werbeanzeigen aus dem Zeitraum von 2007 bis 2014 ausgewählt, die sich methodisch an H. Stöckls Sprachanalyse in seiner Habilitationsschrift „Werbung in Wort und Bild – Textstil und Semiotik englischsprachiger Anzeigenwerbung" orientiert,[5] die sich als besonders effizient erwiesen hat. Es ist bemerkenswert, dass zwar Sprachanalysen zur Werbesprache in der Tourismus- und Automobilbranche bereits existieren, jedoch der Bereich der Werbesprache in Anzeigen für Kü-

---

4 Dieser Terminus leitet sich C. Hackley zufolge aus dem britischen System der Werbeagenturvergütung ab (vgl. Hackley 2005: 247): "(...) If a medium generated commission payment to the agency, it was regarded as above-the-line. Above-the-line media included mainstream advertising on press, cinema, commercial radio and TV. Below-the-line media generated no agency commission and included sales promotion, public relations and direct mail. Through-the-line campaigns utilized combinations of above and the below-the line media" (ebd., 247).

5 Siehe 75-80.

chen- und Haushaltprodukte bisher in der Forschung weitgehend unbeachtet blieb, zumal in den letzten Jahren ein erstarktes, gesellschaftliches Interesse an der Küchen- und Kochkultur festzustellen ist. Diese Arbeit soll als ein erster Anfang hinsichtlich einer vollständigen Erfassung dieses Fachgebiets fungieren, wofür ein interdisziplinärer Ansatz, z.B. eine Kooperation zwischen der Linguistik und der Tiefenpsychologie umfassendere Ergebnisse erzielen würde. Der Korpus dieser Arbeit beinhaltet bewusst Printanzeigen und Onlinewerbung, da letztere in den vergangenen Jahren immer mehr an Bedeutung gewonnen hat und die Relation der beiden Werbemittel komplementär ist. Wenngleich das Bildmaterial bei beiden Trägern oft identisch ist, unterscheiden sie sich funktional stark voneinander. Wenn durch eine Printanzeige bereits das erste Interesse des Konsumenten geweckt wurde, wird dieser nach Aufsuchen der Firmenhomepage z.B. mithilfe von zusätzlichen Produktinformationen (z.B. Nährwerttabellen oder Interviews mit Experten), Serviceleistungen (z.B. Rezepten zu den beworbenen Produkten) und auf Interaktion beruhende Werbestrategien (z.B. Gewinnspiele oder Erfahrungsberichte) überzeugt.

Onlinewerbung besitzt demnach die Möglichkeit inhaltlich detaillierter auf das beworbene Produkt einzugehen, wenngleich sie auf linguistischer Ebene ebenso konzise und appellativ ist. Es ist davon auszugehen, dass diese Beeinflussungsmechanismen in der ländervergleichenden Analyse britischer und deutscher Werbeanzeigen leicht variieren werden. Dafür dürfte nicht zuletzt der thematische Schwerpunkt der Werbeanzeigen, „Küche und Haushalt“ verantwortlich sein. Werbeanzeigen für u.a. Lebensmittel, Küchenmaschinen und Reinigungsmittel sind deshalb für eine Sprachanalyse so interessant, da sie an die Bedürfnisse der Zielkultur angepasst werden müssen, wie in den folgenden Kapiteln näher beleuchtet wird. Eine Beschäftigung mit dem Thema Werbesprache – ob mono- oder bilingual – ist somit nicht nur aus sprachwissenschaftlicher Sicht spannend, sondern auch aus Konsumentensicht sinnvoll, da die „Verführungsmechanismen“ der Werbung täglich Anwendung finden. R. Haubl bemerkt diesbezüglich nüchtern, dass der Konsument in einer „industriell gefertigten werblichen (…) Bilderwelt“ (Haubl 1992: 23) leben muss, der er sich immer weniger entziehen kann (vgl. ebd., 23).

2. Die Fachsprache der Werbung

> „Nirgendwo erfahre ich mehr über den Zustand unserer Gesellschaft als aus Illustrierten, dem Fernsehen und durch die Werbung"
> (Hartmann 1992: 274).

Dieses Zitat H. Hartmanns verdeutlicht, dass Werbung seit jeher gesellschaftliche Realität „(re-)präsentiert" (ebd., 275). Die enge Verknüpfung zwischen Gesellschaft und Werbung wird besonders ersichtlich bei der Betrachtung alter Werbeanzeigen oder Fernsehreklame aus den 1960er Jahren: Das präsentierte Rollenbild dieser Werbeanzeigen, in der die Frau in ihrer Rolle als Hausfrau und Mutter aufgeht, wirkt heutzutage seltsam aus der Zeit gefallen und würde mit Sicherheit nicht zu einem Kaufakt, dem primären Ziel einer jeden Produktwerbung[6], der Frauen führen. Werbung ist immer zielgerichtet und zeitlich konkret auf eine bestimmte Konsumentengruppe ausgerichtet. Das bedeutet jedoch nicht, dass erfolgreiche Werbekampagnen[7] nicht auf altbewährte Elemente zurückgreifen können, wie beispielsweise die Nennung der lang zurückliegenden Produkteinführung oder des Slogans, was Kontinuität, Fachkompetenz und Traditionsbewusstsein vermittelt. N. Janich stellt fest, dass „(…) nach der Einführung eines Markennamens bzw. Slogans nur Kontinuität in der Sprachverwendung zur Markentreue und einer langfristigen Imageetablierung führen kann" (Janich 2000: 270). H. Stöckl wendet diesbezüglich ein, dass prototypische Stilelemente früherer Werbekampagnen häufig nur als Zitat dienen, da „(…) generell Neuartiges (in der Sprachverwendung) auf das Produkt „abfärben" soll" (Stöckl 1997: 61). Werbung ist ein raffiniert ineinander verzahntes System, in dem über die Werbebotschaft bis zur Warenanordnung im Fachgeschäft und Kundenbindungskarten nichts dem Zufall überlassen wird. So ist auch Werbesprache nach Meinung von A. Hemmi „(…) nie ein Produkt spontaner Redeäusserung [sic], sondern das Ergebnis einer mehrwöchigen bis mehrmonatigen Planung"

---

6 W. Wells, J. Burnett und S. Moriarty nennen als weitere, mögliche Ziele einer Werbeaktion die Wiedererkennung [der Marke], die Einstellungsänderung [des Konsumentens] und die [größere] Markenbekanntheit (vgl. Wells 1989: 6).

7 Als eine Werbekampagne werden nach H. Stöckl „[z]wei zeitlich aufeinanderfolgende Anzeigen einer Firma bzw. für das gleiche Produkt mit ähnlichen Gestaltungskonzepten [verstanden]" (Stöckl 1997: 21).

(Hemmi 1994: 26). Dabei ist vorab anzumerken, dass es in der Wissenschaft diametral auseinandergehende Positionen zu der Frage gibt, ob Werbesprache überhaupt eine Fachsprache ist.

L. Hoffmann definiert den Begriff Fachsprache wie folgt: „Fachsprache – das ist die Gesamtheit aller sprachlichen Mittel, die in einem fachlich begrenzbaren Kommunikationsbereich verwendet werden, um die Verständigung zwischen den in diesem Bereich tätigen Menschen zu gewährleisten" (Hoffmann 1987: 53). Er präzisiert den Begriff „Kommunikationsbereich" als „(...) Ausschnitt aus der gesellschaftlichen Wirklichkeit [...], in dem die jeweilige Fachsprache verwendet wird" (ebd., 53), wobei die geistige und körperliche „produktive Tätigkeit der Menschen" in diesem Bereich von zentraler Bedeutung ist (ebd., 53f). Das von L. Hoffmann entwickelte Fachsprachenmodell[8] weist zunächst eine vertikale Schichtung auf. Die Einteilung erfolgt nach dem Fachlichkeitsgrad. Das Modell ist durch fünf in ihrer Abstraktion abnehmenden Stufen gekennzeichnet, wobei weitere Abstraktionsstufen gemäß L. Hoffmann denkbar sind. Er erläutert, dass eine solche Übersicht einen „virtuellen Charakter" besitzt, da beispielsweise nicht jede Fachsprache alle Schichten umfassen muss, sodass manche wissenschaftliche Disziplin für die materielle Produktion irrelevant ist, z.B. wenn es sich um eine noch junge Wissenschaft handelt. L. Hoffmann verdeutlicht sein Modell mithilfe des Beispiels der wissenschaftlichen Disziplin der Musik: Die Schicht A entspricht demnach einem Gespräch zwischen Wissenschaftlern über „Notensprache" oder Komposition. Die Lehre der Musik würde L. Hoffmann ca. auf die Abstraktionsstufen B und C einordnen. „[D]ie Verständigung innerhalb eines Orchesters oder Chores" ordnet er der Abstraktionsstufe D zu. „[D]er Gedankenaustausch der Konzertbesucher" zählt zur letzten Abstraktionsstufe E. Dabei treten diese Schichten, so L. Hoffmann, selten in Reinform auf, da z.B. ein Mediziner seine Diagnose, die der Schicht C entspricht, dem Patienten auf der niedrigeren Abstraktionsstufe D vermittelt. In seiner Erläuterung der Diagnose können auch Mittel der Gemeinsprache auftreten, wenngleich die Frequenz zu nicht-fachsprachlichen Kommunikationsbereichen geringer ausfällt. Die „Pfeile für reziproke[...] Relationen" würden zudem für alle Kommunikationspartner auf der 4. Position gelten, was vor allem für die

8 Siehe Abb. 1, Seite 16.

Schichten D und E bedeutsam ist. Er erläutert, dass auf der 4. Position auch andere Konstellationen als die aufgeführten denkbar wären, wie z.B. „sprachliche Kontakte“ zwischen Wissenschaftlern und Meistern. Es handelt sich in der Darstellung somit um eine „Hauptleitlinie“.

L. Hoffmann legt dar, dass der Begriff „Fachterminologie“ den „gesamten Fachwortschatz“ umfasst. Er führt fort, dass unter „Relationen“ und „Syntax“ im Wesentlichen dasselbe verstanden wird, wenngleich die Beziehungen zwischen den Zeichen bei „Relationen“ durch Symbole und bei der „Syntax“ mit „Mitteln der natürlichen Sprache“ ausgedrückt werden. Eine „streng determinierte [...] Syntax“ bedeutet, dass „gleiche Relationen der Aussage durch gleiche syntaktische Konstruktionen verkörpert werden“, wohingegen eine „relativ ungebundene Syntax“ „syntaktische Synonymien“ erlaubt. Sie ist typisch für den mündlichen Sprachgebrauch und weist z.B. „Abweichungen von der normalen Satzgliedfolge, unvollständige oder ungrammatische Sätze“ etc. auf (vgl. ebd. 68). Neben der vertikalen Schichtung der Fachsprachen definiert L. Hoffmann zudem die horizontale Gliederung der Fachsprachen als eine Art Skala, die „(...) sich aus dem Vergleich der sprachlichen Mittel der einzelnen Fachsprachen untereinander oder mit denen einer anderen Subsprache [ergibt]“ (ebd., 59) und eine „Nähe und Ferne zu anderen Subsprachen“ verdeutlicht (ebd., 58). Die Fachsprachen werden folglich nach L. Hoffmann als Subsprachen der Gemeinsprache aufgefasst und stellen keine separaten Sprachen dar. Die vertikale Schichtung und die horizontalen Gliederung der Fachsprachen ergeben ein eigenes Schema.[9] Im Hinblick auf die anfängliche Frage, ob Werbesprache überhaupt eine Fachsprache ist, gibt P. Schifko zu bedenken, dass Werbesprache „(...) für eine breite Öffentlichkeit und auch nicht für besondere sachliche Fachbereiche (...)“ (Schifko 1982: 989) bestimmt ist. Eine Adressatengruppe von Fachexperten und sachliche Fachbereiche sind „(...) die beiden wichtigsten Funktionsmerkmale einer Fachsprache“ (ebd., 989), was gegen eine Kategorisierung der Werbesprache als Fachsprache sprechen würde. Es finden sich jedoch „Fachtermini aus wirtschaftlichen und technischen Bereichen“ in der Werbesprache, wonach die Werbesprache gemäß P. Schifko „ein Bindeglied zwischen Fach- und Alltagssprache dar[stellt]“ (ebd., 989).

---

9 Siehe Abb. 2, Seite 17.

A = 1. höchste Abstraktionsstufe,

2. künstliche Symbole für Elemente und Relationen,

3. theoretische Grundlagenwissenschaften,

4. Wissenschaftler ↔ Wissenschaftler;

B = 1. sehr hohe Abstraktionsstufe,

2. künstliche Symbole für Elemente, natürliche Sprache für Relationen (Syntax),

3. experimentelle Wissenschaften,

4. Wissenschaftler (Techniker) ↔ Wissenschaftler (Techniker) ↔ wissenschaftlich-technische Hilfskräfte;

C = 1. hohe Abstraktionsstufe,

2. natürliche Sprache mit einem sehr hohen Anteil an Fachterminologie und einer streng determinierten Syntax,

3. angewandte Wissenschaften und Technik,

4. Wissenschaftler (Techniker) ↔ wissenschaftliche und technische Leiter der materiellen Produktion;

D = 1. niedrige Abstraktionsstufe,

2. natürliche Sprache mit einem hohen Anteil an Fachterminologie und einer relativ ungebundenen Syntax,

3. materielle Produktion,

4. wissenschaftliche und technische Leiter der materiellen Produktion ↔ Meister ↔ Facharbeiter (Angestellte);

E = 1. sehr niedrige Abstraktionsstufe,

2. natürliche Sprache mit einigen Fachtermini und ungebundener Syntax,

3. Konsumtion,

4. Vertreter der materiellen Produktion ↔ Vertreter des Handels ↔ Konsumenten ↔ Konsumenten

Abb. 1: Die vertikale Schichtung der Fachsprachen (Hoffmann 1987: 66)

P. Schifko ist sich zudem unschlüssig, „ob es überhaupt so etwas wie eine Werbesprache gibt“ (ebd., 989). Er argumentiert, dass in der Werbesprache „alle Varianten und Strukturen von Sprachen einsetzbar sind“, sodass Werbesprache nicht als „eigene Variante natürlicher Sprachen wie Dialekt, Soziolekt oder Stilregister“ verstanden werden kann (ebd., 989). Falls dies als Voraussetzung für eine Sprache gesehen würde, gebe es keine Werbesprache. P. Schifko erkennt jedoch an, dass es „signifikant hohe Frequenzen bestimmter sprachlicher Einheiten und Konstruktionen“ in Werbetexten gibt (ebd., 989). Dies zeigt sich auch an der Tatsache, dass sich die Werberhetorik leicht parodieren lässt, wie z.B. ein Verkaufsgespräch im Fernsehen. Typische rhetorische Merkmale von Werbetexten wie z.B. Superlative werden in einer Parodie überproportional häufig genannt, was durch die Situationsüberzeichnung komisch wirkt (vgl. Wells 1989: 343). Die Frage, ob Werbesprache überhaupt eine Fachsprache ist, lässt sich nach den Modellen von L. Hoffmann jedoch eindeutig verifizieren. Die allgemeine Werbesprache wäre ca. der Abstraktionsstufe E zuordnen, wenngleich eine höhere Einordnung auf Abstraktionsstufe D je nach Werbung auch denkbar ist, wie z.B. eine an ein Fachpublikum gerichtete Werbeanzeige. Zu der Abstraktionsstufe D werden beispielsweise auch Populärwissenschaften gezählt.

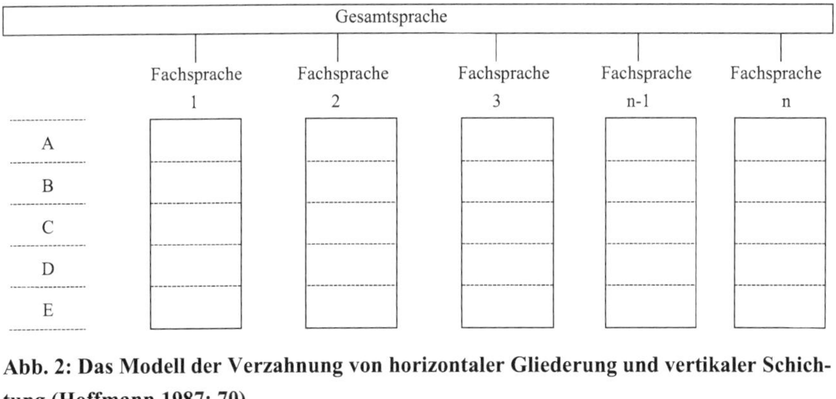

Abb. 2: Das Modell der Verzahnung von horizontaler Gliederung und vertikaler Schichtung (Hoffmann 1987: 70)

L. Hoffmann bezeichnet diese Stufe als „Übergang von der Fachsprache in die Gemeinsprache“ (ebd., 69), was sich mit der oben genannten Feststellung P. Schifkos der Werbung als „Bindeglied zwischen Fach- und Alltagssprache“

(Schifko 1982: 989) deckt. Der Fachlichkeitsgrad ist demnach sehr gering. Ferner stellt sich nun die Frage, ob Werbeanzeigen demzufolge zu den Fachtexten zählen. K.-D. Baumann definiert einen Fachtext „(...) als [das] Ergebnis der in Verbindung mit einer bestimmten produktiven Tätigkeit ausgeübten sprachlich-kommunikativen Tätigkeit (...)" (Baumann 1992: 2). Er führt fort, dass ein Fachtext demnach „(...) das Ergebnis einer Vielzahl ineinandergreifender Prozesse ist" (Baumann 1995: 116). Zwar scheint diese Definition auch auf Werbeanzeigen zuzutreffen, allerdings wurde sie in Hinblick auf Textsorten mit wissenschaftlichem Hintergrund angeführt, wie z.B. den Textsorten „(...) Monographie, wissenschaftlicher Zeitschriftenartikel, Lehrbuch und Essays aus Einzelwissenschaften" (ebd., 10). K.-D. Baumann definiert Fachtextsorten als „(...) Texte mit weitgehend gleichen Merkmalen. Sie stellen die konkrete Existenzweise der Fachtexte dar" (ebd., 13). Die zuvor genannten Textsorten aus dem betriebswirtschaftlichen Bereich des Marketings würden demnach als Fachtexte gelten. Die Werbeanzeigen, die als Korpus dieser Arbeit dienen, weisen einen zu geringen Fachlichkeitsgrad auf, um als Fachtexte angesehen zu werden.

Für eine integrative Betrachtung von Fachtexten bedarf es nach K.-D. Baumann „eine[s] dynamischen Zusammenschluß von spezifischen linguistischen und nicht-linguistischen Beschreibungsmöglichkeiten" (Baumann 1992: 7). K.-D. Baumann entwickelte diesbezüglich einen „Mehr-Ebenen-Zugang [...] zum Fachtext" (ebd., 7). Ein Aspekt der integrativen Fachtextbetrachtung nach K.-D. Baumann ist die Untersuchung der Verständlichkeit von Fachtexten, die gemäß des Mehr-Ebenen-Zugangs acht Dimensionen umfasst und die im Kapitel „2.3 Die Merkmale gelungener Slogans" auf Seite 58-68 erläutert wird. In den folgenden Kapiteln wird zunächst die Spezifik der Werbefachsprache näher behandelt.

2.1 Allgemeine Charakteristika der Werbefachsprache

2.1.1 Die Werbekommunikation und der Kulturbegriff

Die Werbekommunikation ist M. Snell-Hornby, H. G. Hönig, P. Kußmaul und P. A. Schmitt zufolge eine Form der „öffentlichen, indirekten Kommunikation (...), in der alle Aspekte des Kommunikationsvorganges bis ins letzte Detail geplant sind“ (Snell-Hornby 1999: 238). Zu diesen Aspekten zählen die Wahl der Botschaft, der Empfänger, der Kode (Bild, Sprache, Musik) und der Kanal (Medien) (vgl. ebd., 238). Nach P. Schifko „(...) entspricht die sozio-ökonomische Trias Produzent-Produkt-Konsument (...) [der] kommunikativen Dreiheit Sender (...) - Kommunikationsinhalt (...) - Empfänger (...)“, wobei „(...) diese Zuordnung nicht in allen Punkten eindeutig [ist] bzw. (...) nicht als solche [erscheint]“ (Schifko 1982: 985). Er führt fort, dass die „Transformation des potentiellen Konsumenten in einen aktuellen Abnehmer des angebotenen Produktes“ (ebd., 986) ein erster Schritt jeder Werbung ist. Jegliche Kommunikation ist unterstützend auf diese Transformation ausgerichtet.

Das Grundschema der Produzenten-Konsumentenkonstellation, das im Jahr 1972 in dem Modell „Kritik der Warenästhetik“ von W.F. Haug expliziert wurde, ist über die Jahre hinweg gleich geblieben, sodass es nach wie vor Egalität zwischen den Akteuren und deren Interaktion suggeriert, wo in Wahrheit die Position und Einflussnahme des Produzentens größer ist. R. Haubl fasst dies wie folgt zusammen: „Während der Konsument am Gebrauchswert [sic] eines Produkts interessiert ist, geht es dem Produzenten um den Tauschwert [sic], der sich im Preis manifestiert, den er mit seinem Produkt auf dem Markt erzielt“ (Haubl 1992: 11). W. Wells, J. Burnett und S. Moriarty unterscheiden zwischen zwei großen Konsumentengruppen: Die erste Konsumentengruppe kauft das Produkt und die zweite nutzt es. Selbstverständlich können auch beide Gruppen zusammenfallen. Das Beispiel der Frühstücksflocken für Kinder verdeutlicht aber, dass dies nicht immer der Fall sein muss: Eltern achten beim Kauf der Frühstücksflocken auf den Nährwert des Produktes, wohingegen den Kinder der süße Geschmack und die Spiele auf der Verpackungsrückseite angetan haben (vgl. Wells 1989: 117). Erfolgreiche Werbekampagne berücksichtigen beide Konsumentengruppen. R. Haubl führt weiter aus, dass der Produzent den Gebrauchswert eines Produkts berücksichtigen muss, um die Konsumentenerwartungen einzuschätzen und möglichen Enttäuschungen vorzubeugen. Aus der Perspektive des Produzenten genügt es jedoch, wenn ein Produkt diesen Gebrauchswert nur verspricht und ggf. nicht hält (Haubl 1992: 11). D. Flader spezifizierte dies indem er feststellt, dass „(...) die auf der Inhaltebene präsupponierten Produktvorzüge nur als mögliche, nicht aber generell existierende Sachverhalte behauptet [werden]“ (Flader 1972: 350). So würde ein Werber nicht die riskante Behauptung eingehen, den Slogan „Sie werden LORD EXTRA genießen“ zu veröffentlichen, da er dadurch „eine Verpflichtung über zukünftige Produktleistungen ein[ginge]“ (ebd., 350). Produktvorzüge werden als Präsuppositionen ausgedrückt stark relativiert (vgl. ebd., 350). Der Kaufakt ist das Ziel des Produzentens. Ob ein Produkt den Gebrauchswert tatsächlich hält, wird erst im Hinblick auf weitere Kaufakte signifikant. Für den Fall, dass ein Konsument dennoch von dem erworbenen Produkt enttäuscht sein sollte, ist es aufseiten des Produzentens wichtig, dass die Enttäuschung nicht mit dem Produkt verbunden ist, sondern anderen Faktoren angelastet wird. Das Image des Produzenten darf in keinem Fall Schaden nehmen. Durch regelmäßige Ankündigungen von „verbesserten Rezepturen“ oder Produktinnovationen kann verhindert werden, dass Kunden eine Marke trotz einer erlittenen Enttäuschung meiden. Diese Strategie unterstützt die „Enttäuschungsverarbeitung“ (Haubl 1992: 11). In Anlehnung an R. Haubl hat das Image eines Produktes mit all seinen Faktoren immer die höchste Priorität, damit ein Kaufakt überhaupt zu Stande kommt (vgl. ebd., 11):

> „Nicht nur der Gebrauchswert, auch dessen Erscheinung muß produziert werden, da sie entscheidende Wettbewerbsvorteile bringt, zumindest auf Märkten, auf denen eine große Zahl von Produzenten eine große Zahl von gleichartigen Produkten anbietet, die faktisch keine Gebrauchswertunterschiede aufweisen. Diesem Zweck dienen das *Design des Warenkörpers* [sic] sowie dessen *Verpackung* [sic], vor allem aber die *massenmediale* – u.a. mit Hilfe von Anzeigen betriebende – *Inszenierung eines verkaufsfördernden Gebrauchswertversprechens* [sic]“ (ebd., 11).

P. Schifko bestätigt dies, indem er feststellt, „(…) daß die Relation zwischen Gebrauchs- und Tauschwert in vielen Fällen nicht eindeutig ist“ (Schifko 1982: 984), sodass „[n]eben den mehr oder weniger objektiv feststellbaren Eigenschaften wie Qualität (Zweckmäßigkeit, Verarbeitung), Quantität und Ästhetik (Form- und Farbgebung), die den Grundnutzen ausmachen, (…) der subjektive Zusatznutzen in der Werbung eine große Rolle [spielt]“ (ebd., 984). Auch wenn W. F. Haugs Überlegungen zur Enttäuschungsverarbeitung sicherlich mit der gängigen Werbepraxis übereinstimmt, so wird ein Produzent doch, auch in Hinsicht auf eine langfristige Kundenbindung, vermeiden wollen, diesen „Umweg“ zu gehen. Henry Ford, der sein Unternehmen zu einem Welterfolg machte, wusste bereits: „Der Verkauf eines Autos ist nicht der Abschluss eines Geschäfts, sondern der Beginn einer Beziehung“ (Uebel 2004: 175).[10] Im Interesse des Produzenten sollte versucht werden, gewisse Grenzen der Beeinflussung zu wahren, um die gute Beziehung zum Konsumenten nicht zu beeinträchtigen, zumal gelegentlich neue Werbestrategien an die Öffentlichkeit gelangen, die geradezu unheimlich und dystopisch anmuten.[11]

Viele Werbeanzeigen gehen methodisch nach der von R. Haubl so bezeichneten „Werbewirkungs-Faustregel“ (Haubl 1992: 19) AIDA vor, die E. Lewis im Jahr 1898 entwickelt hatte (Web 26): Der erste Schritt besteht nach R. Karl darin, dass die Überschrift oder alternativ die erste Zeile als ein Aufhänger dient, der die „Aufmerksamkeit“ (A= attention) des Betrachters erregen soll. In einem zweiten Schritt wird das „Interesse“ des Konsumentens am Produkt durch Informationen im Werbetext geweckt (I= interest). Durch Argumente verspürt der Konsument nun den „Drang zum [Produkt-]kauf“ (D= desire). Wenn er das Produkt tatsächlich gekauft hat, wird die „Aktion“ als vierter Schritt umgesetzt (A= action) (vgl. Karl 2011: 28). So verwundert es nicht, dass Werbung zwar als eine Empfehlung an den Konsumenten geäußert wird, jedoch nach R. Karl „(...) mit einer gewissen „Dringlichkeit“ [ausgedrückt wird], was sich in der Hartnäckigkeit und dem Wiederholungsgeist von Werbung widerspiegelt“ (ebd., 17), sodass beim Konsumenten ein „Kaufdrang“ ausgelöst wird. Der Auslöser dieses Kaufdrangs liegt nach D. Flader darin, dass Werbefachleute die „emotionale Spannung der Empfänger als Kaufantrieb [ausnützen]“ (Flader 1972: 341). In der Fachliteratur findet sich darüber hinaus eine Erweiterung des oben genann-

---

10 Werber sind besonders bei Produkten des regelmäßigen oder täglichen Konsums daran interessiert, dass der Produktkonsum zur Gewohnheit wird, da die Kunden in diesem Fall weniger über ihre Kaufentscheidung nachdenken und stets dieselbe Marke kaufen würden (vgl. Wells 1989: 124). Wenn eine Markenloyalität aufgebaut wurde, muss nur noch wenig Überzeugungsarbeit aufseiten der Werber geleistet werden.

11 Eine dystopische Werbestrategie ist die Knochenschalltechnik, bei der eine kleine schwarze Box, die auf einem Zugfenster befestigt wurde, die Fensterscheibe derart in Schwingung versetzt, dass Werbetexte per Vibration für (schlafende) Passagiere direkt wahrnehmbar und verständlich werden. Die Technologie funktioniert bereits tadellos und wurde innerhalb Deutschlands getestet, allerdings waren die Reaktionen der Fahrgäste auf die „sprechenden Fensterscheiben“ verhalten. Zurzeit wird diese Technologie noch nicht eingesetzt, allerdings sind die Äußerungen von Sky Deutschland, die mit der Werbeagentur BBDO die Initiatoren dieser Technologie sind, diesbezüglich bewusst vage gehalten (vgl. Web 7).

ten Modells: das AIDA(S)-Modell. Dieses Modell fügt dem von E. Lewis beschriebenen Modell einen fünften Schritt hinzu, der sich „Satisfaction" nennt. Dieser Schritt geht davon aus, dass nur mit zufriedenen Kunden eine langfristige Bindung an ein Unternehmen möglich ist und diese mit ihrer Produktempfehlung im Sinne des Unternehmens werben (Web 26). Die Werbefachleute benötigen eine eigens auf eine Zielgruppe ausgerichtete Kampagne, damit dieser idealtypische Ablauf gemäß der AIDA- oder AIDA(S)-Formel realisiert wird, wobei nicht außer Acht gelassen werden sollte, dass Werbung, wie R. Karl es formuliert, „für die Masse gemacht ist" (Karl 2011: 17), also möglichst viele Konsumenten ansprechen soll. Dazu folgt die Werbung dem „linearen Kommunikationsmodell" von W. Schramm,[12] dem, wie T. Fritz ausführt, die „(…) bekannte LASSWELL-Formel der Kommunikation [zugrunde liegt]: "Who? Says what? In which channels? To whom? With what effect?" (Lasswell 1960: 117, nach Fritz 1993: 19). Nach C. Hackley verschlüsselt der Sender seine Botschaft in einer Weise, dass sie die gewünschte Bedeutung beinhaltet.

P. Schifko expliziert die Rolle des Senders, indem er sagt, dass „der eigentliche Sender der Werbebotschaft (…) immer der Produzent bzw. Verkäufer bzw. die beauftragte Werbeabteilung/Werbeagentur [ist]" (Schifko 1982: 987). Der eigentliche Sender bleibt nach P. Schifko aber anonym und wird durch einen Scheinsender ersetzt, zu denen „Firmenangehörige, Schauspieler in der Rolle zufriedener Mitkonsumenten, Testpersonen, Fach- und Gewährsleute, (...) bekannte Persönlichkeiten aus dem öffentlichen Leben oder sogar (…) personifizierte Produkte selbst" (ebd., 987) zählen, die die Werbebotschaft z.B. als indirekte Ratschläge äußern, denen der Konsument folgen soll (vgl. Flader 1972: 352). D. Flader bezeichnet diesen Scheinsender als „sekundären Kommunikatoren" (ebd., 352). Der Empfänger kann zu diesem Sender „keine echte, verantwortliche Kommunikationsbeziehung (…) [eingehen]" (Schifko 1982: 987). P. Schifko merkt zudem an, „daß die Glaubwürdigkeit der Werbebotschaft auch von der positiven Beurteilung des bzw. von der positiven Stellung zum Sender abhängt" (ebd., 987). Die möglichen Elemente der verschlüsselten Botschaft des Senders können Wörter, Bilder, Musik oder Gestik sein. D. Flader spezifiziert die Werbebotschaft inhaltlich, indem er erkennt, dass die Werbefachleute stets „ein be-

12 Siehe Abb. 3, Seite 24.

stimmtes Thema“ variieren: „die Darstellung und das uneigennützige Angebot einer Ware als Mittel individueller Konfliktlösung“ (Flader 1972: 344). Die Werbekommunikation besteht in der Regel aus verbalen und nonverbalen Elementen, aus denen nach D. Flader die Werbefachleute eine „spezifische Selektion“ (ebd., 344) „als taktische Hypothese“ (ebd., 345) vornehmen. K.-D. Baumann bezeichnet diesen Selektionsvorgang im Zusammenhang der Fachtextanalyse als „Handlungsplan“, der sich im Bewusstsein des Senders herausbildet und „(…) die Auswahl der lexikalischen, grammatischen u.a. Elemente bzw. Strukturen in einer Weise [beeinflusst], die dem Sender geeignet erscheint, den beabsichtigten Kommunikationseffekt beim Rezipienten zu erreichen“ (Baumann 1994: 87).

Der Empfänger muss daraufhin die Botschaft entschlüsseln, um ihre Bedeutung zu erfahren. Für P. Schifko stellt der Empfänger „die wichtigste Instanz in der Werbekommunikation [dar], denn er ist ihr eigentliches Objekt“ (Schifko 1982: 987). Er ist zudem der „kommunikative[…] und ökonomische[...] Partner des Senders“ (ebd., 987). D. Flader konstatiert, dass „[die] situativen Merkmale der Werbekommunikation […] durch die Bedingung der Massenkommunikation bestimmt [werden]“, zu denen er die „Öffentlichkeit der Kommunikation, die Einseitigkeit des Kommunikationsverlaufs, die technische Verbreitung der Mitteilungen und die weitgehende Anonymität von Kommunikator und Empfänger [zählt]“ (Flader 1972: 346). Er fährt fort, dass „diese Faktoren […] auf die Verwirklichung des Kommunikationszieles (…) fördernd, störend oder indifferent einwirken [können]“ (ebd., 346).[13] Zu den Störfaktoren, die diesen Übermittlungsprozess beeinflussen, können u.a. auf übertragener Ebene jegliche Ablenkung oder Unterbrechung der Kommunikation zählen. Ablenkung kann allerdings auch im realen Leben durch akustische (z.B. Straßenlärm) oder visuelle Störfaktoren (z.B. das Straßentreiben, das von Werbeplakaten ablenkt oder ein interessanter Zeitungsbericht neben einer Werbeanzeige) erfolgen (vgl. Hackley 2005: 30). Diese Modelle der linearen Kommunikation sind stark simplifiziert, wodurch sie auf viele Situationen anwendbar sind. C. Hackley kritisiert an den oben genannten Modellen jedoch, dass Einkäufe nicht immer rational ablaufen. Des Weiteren muss der sequenzielle Ablauf bzw. die Kausalkette der AIDA-Formel nicht ein-

---

[13] R. Karl benennt einige mögliche Kommunikationsziele in der Tabelle Anhang 2 „Marketing- und Kommunikationsziele“ auf Seite 132.

gehalten werden, sondern er kann zeitlich zusammenfallen: "[M]any or most purchases are more spontaneous and do not engage consumers in this sort of rational processing" (ebd., 28). Durch diese Abfolge lässt sich, so C. Hackley, nicht das Ergebnis der Werbung abschätzen, da Konsumenten sich auch an eine Werbung erinnern können, die sie mögen, ohne das Produkt zu kaufen (vgl. ebd., 32). C. Hackley fährt fort, dass die Bedeutung und die Botschaft oft fälschlicherweise synonym verstanden werden. Die Werbeexperten spielen bewusst mit dieser Ambiguität der Botschaften und Bilder, um die Aufmerksamkeit ihrer potentiellen Konsumenten zu erregen (vgl. ebd., 30). Der Prozess der Entschlüsselung ist für die Konsumenten reizvoll. Diese Ambiguität birgt jedoch auch das Risiko, dass nicht-intendierte Botschaften vermittelt werden, wie ein aktuelles Beispiel illustriert[14]: Der amerikanische Konsumgüter-Konzern Procter & Gamble veröffentlichte anlässlich der diesjährigen Fußballweltmeisterschaft in Brasilien eine Sonderedition der Waschmittelmarke Ariel. Die Waschmittelverpackung zeigt ein Fußballtrikot, bei dem der Nachname des Fußballspielers durch den Schriftzug Ariel ersetzt wurde und die „Spielernummer" 88 zeigt. Eine Procter-Sprecherin erklärte ihre Beweggründe für diese in Deutschland mit dem Hitlergruß verbundene Zahl wie folgt: „Wir wollten werben für 83 plus 5, für 5 zusätzliche Waschladungen zu den üblichen 83 in der Packungsgröße" (Web 10).

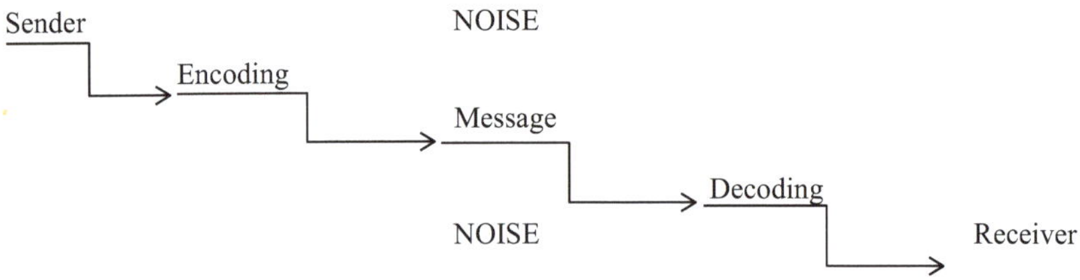

Abb. 3: A Linear Model of Communication (Hackley 2005: 30)

In der rechtsradikalen Szene Deutschlands bedeutet die Zahl 88 verschlüsselt „Heil Hitler", da der Buchstabe H an achter Stelle des Alphabets steht (vgl. ebd.). Interessant an diesem Faux-pas ist, dass eine multikulturelle Gruppe von Werbern die Verantwortung für die Kampagne trug, der die besondere Symbolik

---

14 Siehe Anhang 3, Seite 132.

der Zahl 8 in bestimmten Kontexten nicht bewusst war. Die Sprecherin beurteilte diese Entscheidung diplomatisch: „Sie können dem Unternehmen vorwerfen, dass das dumm und naiv war“ (vgl. ebd.). Procter & Gamble trugen zwar keinen großen wirtschaftlichen Schaden von dieser missglückten Werbesonderedition davon, allerdings wurde das Unternehmen im Internet zur Zielscheibe von Spott und Häme, sodass Twitter-Nutzer den Schriftzug „Ariel“ durch „Arier“ ersetzten und dieses modifizierte Bild im Netz verbreiteten.[15] Die Zielkultur muss demnach während der Kampagnenentwicklung berücksichtigt werden, um zu verhindern, dass eine Botschaft oder Symbolik einen solchen Interpretationsspielraum zulässt. Die Symbolik der Zahl 88 entstammt somit einer Subkultur und ist mit großer Wahrscheinlichkeit auch nicht allen Personen der Zielkultur geläufig.

W. Wells, J. Burnett und S. Moriarty definieren eine Subkultur als "[a] way to categorize people on the basis of their values, attitudes, lifestyles, [sic] and behavior" (Wells 1989: 119). Sie nennen als Beispiele für den US-amerikanischen Kulturraum Teenager, Collegestudenten, Rentner, Südstaatler, Texaner, Afro-Amerikaner etc. Eine Kultur setzt sich demnach aus vielen Subkulturen zusammen, wobei W. Wells, J. Burnett und S. Moriarty Kultur als "[t]he complex whole of tangible items, intangible concepts, and social behaviors that define a group of people or a way of life“ (ebd., 118) definieren. Kulturelle Einflüsse sind insofern für die Werbung interessant, da sie das Käuferverhalten der Konsumenten beeinflussen. Dies lässt sich mit dem breiten Anklang der Tiefkühllebensmittel und Convenience Food belegen, die im Zuge der zunehmenden Berufstätigkeit von Frauen an Bedeutung gewannen. Da diese Frauen weniger Zeit für den Haushalt und die Essenszubereitung aufbringen konnten, mussten Werbefachleute ihre Strategien ändern, um sie mit Werbekampagnen zu erreichen (vgl. ebd., 118). Dieser Trend hat sich auch in Deutschland durchgesetzt, sodass nach Angaben des Deutsches Tiefkühlinstitut e.V. „jeder

[15] Die generelle Verwendung der Zahl 88 ist aber nicht strafbar, wie ein Gerichtsurteil aus dem Jahr 2008 entschied: „In einem Urteil des Oberlandesgerichts Brandenburg vom 12. September 2005 heißt es, es sei davon auszugehen, dass der verfassungswidrige Symbolgehalt der Zahl "88" lediglich in rechtsextremen oder in polizeilichen, juristischen und besonders interessierten Kreisen bekannt sei“ (Web 10). Auf das Thema Risiken internationalisierter Werbekampagnen wird im Kapitel „6. Schlussbetrachtung“ auf den Seiten 111-115 näher eingegangen.

Bundesbürger durchschnittlich 41 Kilogramm im Jahr [verzehrt]" (Web 11).[16] N. Klüver stellt fest, dass „(...) Werbung (...) die Trends einzelner in der Gesellschaft [verstärkt] und die Gesellschaft verstärkt wiederum die durch die Werbung hervorgerufenen Trends. Man kann hier von einer Art Spirale, einem Multiplikatoreffekt, sprechen" (Klüver 2009: 118). Individuen leben jedoch nicht nur in einer Kultur und verschiedenen Subkulturen, sondern sie gehören nach W. Wells, J. Burnett und S. Moriarty auch einer bestimmten sozialen Klasse an, die sich durch Faktoren wie das Einkommen, der Wohlstand, der Bildungshintergrund, die Berufstätigkeit etc. voneinander abgrenzen (vgl. Wells 1989: 119). Die Werbefachleute gehen davon aus, dass Angehörige einer sozialen Klasse andere Waren aus anderen Geschäften und aus anderen Beweggründen kaufen als Menschen, die dieser Klasse nicht angehören (vgl. ebd., 119). Die Marktforschung hilft den Werbern bei der Analyse und „Erfassung" eines Konsumenten, der sich in einem komplexen Kultur- und Sozialgefüge bewegt.

2.1.2 Die pragmatische Ebene

P. Schifko führt aus, dass „[d]ie Pragmatik (...) den Gebrauch von Kommunikationssystemen in konkreten Kommunikationssituationen, in unserem Fall von Sprache, Bild und Ton zu Werbezwecken (...) [untersucht]" (Schifko 1982: 986). Da Werbung zur persuasiven Kommunikation zählt, besteht die Illokution der Werbung darin, dass der potentielle Konsument durch gezielte Werbung dahingehend beeinflusst werden soll, ein bestimmtes Produkt zu erwerben oder eine Dienstleistung in Anspruch zu nehmen. Ein solcher Kaufakt dient dazu, die Konsumentenbedürfnisse zu befriedigen. N. Klüver führt aus, dass „Konsumenten (...) durch bestimmte Produkte bestimmte Bedürfnisse befriedigen [möchten]" (Klüver 2009: 9). P. Schifko differenziert zwischen drei Kategorien von Bedürfnissen: Zu der ersten Kategorie der „biologisch/physiologische[n] [Bedürfnisse]" werden jene Bedürfnisse gezählt, „die durch den Selbsterhaltungstrieb (...), Geschlechtstrieb, Muttertrieb, Genußtrieb, [oder] Bewegungstrieb [ausgelöst werden]" (Schifko 1982: 984f), wie z.B. „das Bedürfnis nach Nahrung oder Bekleidung" (Klüver 2009: 10). Die zweite Kategorie der „geis-

---

16 Ein aktueller Trend, den der Handel aufgreift, ist das „Cocooning", was auf Seite 82 näher ausgeführt wird.

tig/psychologische[n] [Bedürfnisse]“ umfasst hingegen Bedürfnisse wie „(...) Zufriedenheit, Liebe [oder] Geborgenheit“ (ebd., 984f). Die letzte Kategorie der „soziologische[n] [Bedürfnisse]“ beinhaltet die „Identifikation mit Leitbildern oder bestimmten sozialen Gruppen, das Streben nach Ansehen und Macht [...] sowie [den] Nachahmungstrieb“ (Klüver 2009: 10). Dabei ist die Befriedigung der ersten Kategorie eine Grundvoraussetzung dafür, dass sich die zweite und dritte Kategorie der Bedürfnisse überhaupt entwickeln können.

Nach Auffassung von P. Schifko versucht die Werbung hauptsächlich die soziologischen Bedürfnisse zu befriedigen (vgl. Schifko 1982: 984f). Die Werbefachleute gehen auf Konsumentenbedürfnisse ein bzw. wenden ihr Wissen zu diesen Bedürfniskategorien an, um effiziente Werbekampagnen zu entwickeln. P. Schifko erläutert, dass nicht nur das Produkt selbst vorgestellt wird, „(...) sondern auch Aussagen über den Sender bzw. Empfänger oder auch über die sozio-ökonomische Situation [gemacht werden]“ (ebd., 986).[17] Er unterscheidet zwischen zwei grundsätzlichen Kommunikationsstrategien: Einer sachlich-rational informierenden und einer suggestiv-emotionalen Strategie (vgl. ebd., 986). Die letzte Strategie wird zwar häufiger angewendet und gilt als effizienter (vgl. ebd., 986), allerdings spricht sich C. Hackely gegen eine rein emotionale Ansprache in Werbeanzeigen aus: "[T]he combination of rational and emotional appeal in the same ad might then act persuasively and motivate a purchase response" (Hackley 2005: 29). Die emotionale Anregung sollte für erfolgreiche Werbung nicht unverhältnismäßig eingesetzt werden. P. Schifko nennt als typische Eigenart der Werbung das Vorgeben einer „falschen“ Intention. Die Werbung suggeriert den Interessen und Bedürfnissen der Konsumentens zu dienen, wohingegen die (wirtschaftlichen) Interessen der Produzenten eindeutig im Vordergrund stehen. Er fasst zusammen, dass dies „(...) zwangsläufig zu allen möglichen Verschleierungs- und Tarntechniken, zu Indirektheiten und Ablenkungsmanövern [führt]“ (Schifko 1982: 986). Die Werbekommunikation ist demnach immer einseitig und parteiisch, da in der Regel nur die Vorzüge oder Produktvorteile genannt werden, es sei denn eine gesetzliche Vorgabe verpflichtet zur Angabe der Nachteile, wie etwa bei der Zigarettenwerbung. Die Informationen

---

[17] Dies war zu Beginn der Textsorte Werbeanzeige noch anders, wie in der Einleitung auf Seite 8 beschrieben wurde.

werden somit vorab vom Sender für den Konsumenten ausgewählt. P. Kotler stellt in diesem Zusammenhang fest, dass „[e]inseitige Mitteilungen (...) dann am wirksamsten [sind], wenn die Empfänger dem Standpunkt des Kommunikators von Anfang an positiv gegenüberstehen, während zweiseitige Mitteilungen am wirksamsten sind, wenn die Empfänger eine Oppositionshaltung einnehmen. (...) Zweiseitige Mitteilungen sind tendenziell wirksamer bei Empfängern mit hohem Bildungsniveau (...) [und] bei Empfängern, die aller Voraussicht nach mit Gegenwerbung in Kontakt kommen" (Kotler 1999: 943). Oft würde dies nach P. Schifko zu einer „(...) Überbetonung des kaum überprüfbaren Zusatznutzens von Produkten [führen]" und die Werbefachleute würden auf „sachfremde Bereiche und Funktionen [ausweichen]": Werbung wird unterhaltend als Fiktion oder als „eine ästhetisierende Traumwelt" präsentiert (Schifko 1982: 986). P. Schifko nennt als extreme Form dieser Ausweichstrategie die subliminale Werbung (vgl. ebd., 987).

Die Struktur der Werbekommunikation ist zudem von drei Faktoren bestimmt: Der erste Faktor besteht darin, dass Werbung eine Massenkommunikation ist, die einen weit gefächerten Empfängerkreis erreichen will. „[D]ie asymmetrische, monologische Einbahnkommunikation"[18] (ebd., 987) wird als zweiter Faktor aufgeführt, sodass die Rollen des „Senders" und „Empfängers" nicht ausgetauscht werden können und es keine oder kaum eine Möglichkeit zur Rückmeldung gibt. Der letzte Faktor besteht in der „Künstlichkeit der Kommunikationssituation" (ebd., 987). Der Empfänger ist sich dieser Künstlichkeit durchaus bewusst. Die Kommunikation geht nur vom Sender aus, der eindeutig als Schauspieler oder als Model zu identifizieren ist, dessen Äußerungen nicht in gleichem Maße ernst genommen werden, wie z.B. in einer realen Kommunikationssituation. Dieser Sender wird für eine unwahre Aussage nicht zur Rechenschaft gezogen. Der eigentliche Sender, z.B. der Produkthersteller und Auftraggeber der Werbekampagne, muss sich hingegen gegenüber Anschuldigungen rechtfertigen. Der Empfänger reagiert auf eine Werbebotschaft z.B. mit Desinteresse, einem Kaufakt oder einer ablehnenden Haltung gegenüber der Werbung,

[18] Gespräche auf Verkaufsfernsehkanälen bilden hierzu eine Ausnahme, da sie dialogisch inszeniert werden, wie z.B. mit Live-Schaltungen ins Fernsehstudio. Letztlich entsteht hier jedoch auch keine direkte, authentische Interaktion mit dem Rezipienten.

da, wie H. Stöckl einwendet, Konsumenten durchaus über eine „Resistenzfähigkeit“ gegenüber Werbebotschaften verfügen (vgl. Stöckl 1997: 86). D. Flader geht davon aus, dass, wenn der Empfänger eine Produktwerbung nicht „als eine unerbetene Empfehlung ablehnt“, angenommen werden kann, dass „(…) er in die Empfängersituation eine unausgesprochene Bitte mitbringt“ ein geeignetes Objekt für seine Bedürfnisse zu finden (Flader 1972: 352f).

P. Schifko charakterisiert die Werbesprache als gekünstelt, geschraubt und mit vielen Übertreibungen, sodass eine solche Sprache keiner kommunikativen Wirklichkeit entspricht. Er beschreibt, dass Empfänger durch eine „sprachliche (…) und kommunikative (…) Sozialisierung“ den Umgang mit Werbetexten gelernt haben. Empfänger relativieren Werbeaussagen, da sie wissen, dass nicht jede Aussage uneingeschränkt der Wahrheit entsprechen muss (Schifko 1982: 988). N. Janich stellt diesbezüglich fest, dass erst dieses „vortheoretische […] Wissen von prototypischen Werbeanzeigen“ es dem Empfänger erlaubt, ungewöhnliche Werbeformen im Kontrast als solche zu erkennen (vgl. Janich 2001: 71ff, nach Tschörner 2007: 12). Die sprachliche Gestaltung von Werbebotschaften hängt nach Auffassung von P. Schifko von der Art des Produktes, der Empfängergruppe und der medialen Werbeform ab (vgl. Schifko 1982: 989). Zur Textpragmatik der Werbung zählt auch die Kodewahl, die zu Beginn des Entwicklungsprozesses einer Werbeanzeige getroffen wird. P. Schifko zählt einige, mögliche „Variationsparameter“ auf: „geschriebene und/oder gesprochene Sprache, Register/Stilniveau, regionaler Geltungsbereich“ (ebd., 989). Überregionale Hochsprache in schriftlicher Form würde nach P. Schifko am häufigsten verwendet werden, allerdings erkennt er, „daß die Strukturgesetzlichkeiten echter gesprochener Sprache nicht beachtet und Schrifttexte gesprochen werden“ (ebd., 990).

Er erläutert, dass Werbung die emotionalen Möglichkeiten gesprochener Sprache, d.h. z.B. Prosodie, Intonation und paralinguistische Faktoren der Stimmqualität, gebrauchen würden (vgl. ebd., 990). Je nach Produkt ist auch die Empfängeransprache mithilfe eines gehobenen Sprachregisters, (um den Prestigewert des Produktes zu betonen) oder der Verwendung von Umgangssprache bzw. Regionalsprache variabel. Hinsichtlich der Sprechakttypen[19] erläutert P. Schifko, dass sich Werbetexte auch dann eindeutig identifizieren lassen, „wenn sie sich als Witz, Glückwunsch, Märchen oder Nachricht verkleiden“ (ebd., 990). Des Weiteren lassen sich alle verschiedenen, denkbaren Sprechakte im Zusammenhang mit Werbetexten auf einen zentralen Sprechakt, der „Aufforderung zum Kauf“ subsumieren (vgl. ebd., 990). Nach M. Snell-Hornby, H. G. Hönig, P. Kußmaul und P. A. Schmitt sind „Texte (…) Abfolgen von Sprechakten“ (Snell-Hornby 1999: 52) und erst die Summe der Sprechakte lässt auf die illokutionäre Struktur des gesamten Textes schließen (vgl. ebd., 52). Oft wird dieser Sprechakt jedoch nicht direkt geäußert, sodass sich Werber eher indirekter Sprechakte wie „(…) Behauptungen, Empfehlungen, Ratschläge, Fragen, Versprechungen (…)“ bedienen (Schifko 1982: 990). Innerhalb der Werbekommunikation stellen diese Sprechakttypen allerdings Scheinsprechakte dar. Behauptungen, Empfehlungen und Ratschläge erfolgen in realen Kommunikationssituationen erst nach einer Aufforderung.

Nach D. Flader sind Behauptungssätze z.B. immer mehrdeutig, da sie auf die „unausgesprochenen Fragen der Werbeempfänger“ antworten (Flader 1972: 355) und besitzen die „wesentliche Bedingung“ eine Begründung angeben zu müssen (ebd., 358). Diese wesentliche Bedingung wird nach D. Flader durch die Werbebilder erfüllt (ebd., 358). Er erläutert vier verschiedene Typen der Empfängerfragen: Der erste Typ setzt das Produkt an die Stelle des „Akteurs“, wie im Beispielsatz „Badedas befreit vom Alltag“ (ebd., 355). In diesem Slogan wird die Frage beantwortet, wer vom Alltag befreit und präsupponiert, dass es jemanden gibt, der dies vermag, in diesem Fall das beworbene Produkt. Bei demselben Beispielsatz betont der zweite Typ den „Prozeß“ oder das „Handlungsresultat“, sodass die Frage „Was bewirkt Badedas?“ impliziert, dass dieses Produkt etwas bewirkt und somit eine Produktwirkung behauptet wird. Mithilfe von Interpunktion gibt der Beispielsatz auch den dritten Typ wieder: „Badedas befreit – vom Alltag“; er stellt den „Nutznießer“ in den Vordergrund, antwortet auf die Frage „Wen befreit Badedas vom Alltag?“ und präsupponiert, dass es jemanden gibt, der dies erwirken kann.

[19] Nach D. Flader ist ein Sprechakt *per definitionem* die „kleinste […] Einheit der sprachlichen Kommunikation“ (Flader 1972: 343).

Der letzte Typ stellt die „Umstände“ in den Vordergrund und antwortet auf die Frage „Unter welchen Umständen vollzieht Badedas die Handlung?“. Der ursprüngliche Beispielsatz wird dazu nicht verändert. Er kann auch durch Zeit- und Ortangaben präzisiert werden. Mithilfe dieser Technik erscheint der Satz „temporal unmarkiert“ und „lokal uneingeschränkt“, was auf die Produktleistung übertragen wird, die dadurch „(…) uneingeschränkt wirksam ist“ (ebd., 355). Ergänzend könnte die Art und Weise der Produkthandlung anhand von Adverbien wie „ideal“ oder „wie nie zuvor“ ausgedrückt werden (vgl. ebd., 355). Dieses Beispiel von D. Flader veranschaulicht, dass alle vier Typen der möglichen Empfängerfragen in einem Slogan einbezogen werden konnte und somit die gewünschte Mehrdeutigkeit realisiert wurde.

Der Sprechakt der Empfehlung wird in Werbetexten ebenso verletzt, da nach Auffassung von D. Flader „die Aufrichtigkeitsbedingung von Empfehlungshandlungen“, die besagt, dass der Sender die Interessenserfüllung des Empfängers durch das empfohlene Produkt wünscht, nicht gegeben ist (ebd., 363). D. Flader weist hinsichtlich des Sprechaktes des Ratschlags darauf hin, dass der Ratschlag die Bedingung voraussetzt, dass der Sprecher bzw. Sender dem Empfänger vermittelt, dass er unter vergleichbaren Umständen wie der Empfänger ebenfalls den Ratschlag befolgen würde. D. Flader sieht in dieser „wesentlichen Bedingung“ aber die Problematik, dass der Sender die Umstände des Empfängers kennen müsste, um überhaupt einen Ratschlag zu äußern. Diese Kenntnis kann der Sender nicht haben, da er, wie D. Flader es formuliert, „(…) zu einem anonymen und weitgehend dispersen Publikum spricht“ (ebd., 351). D. Flader fährt fort, dass der Werbende sich zudem als eine „Sachautorität“ profilieren müsste, welche die Auswirkung des Ratschlags kompetent einschätzen kann. Dem Werbenden würde es aber an dieser Stelle an Glaubwürdigkeit fehlen, da er „(…) einen Ratschlag für den Kauf oder Konsum eines Produktes erteilt, das sich in der Beschaffenheit von anderen Produkttypen kaum unterscheidet“ (ebd., 351). Bei direkten Sprechakten wie Befehlen oder Aufforderungen müsste nach P. Schifko erst eine legitime Autorität vorhanden sein, die einen solchen Sprechakt gestattet (vgl. Schifko 1982: 990). D. Flader expliziert, dass der Sender sich gegenüber dem Empfänger nicht in einer Machtposition befindet, „(…) von der aus er ein Nichtbefolgen des Befehles mit Sanktionen bedrohen könnte“, ob der Empfänger dem Befehl tatsächlich Folge leistet (Flader 1972: 351). Aus diesem Grund werden auch performative Verben, „(…) mit denen ein Sprecher die Handlungszüge sprachlich thematisiert", in Werbetexten vermieden (ebd., 353). Für den indirekten Sprechakt der Frage müsste zunächst gegeben sein, dass der Sender tatsächlich neues Wissen erlangen möchte bzw. mit einer Antwort des Empfängers zu rechnen ist. P. Schifko führt weiter aus, dass „(…) die für viele Sprechakte unabdingbare Bedingung der kommunikativen Verantwortlichkeit und Begründungsverpflichtung hinsichtlich der Inhalte" vom Sender gar nicht zu verwirklichen wäre (Schifko 1982: 990).

So fasst P. Schifko zusammen, dass es sich bei den im Werbekontext genutzten Sprechakttypen um „Sprechaktmetaphern" handelt, welche die Werbeintention auf pragmatischer Ebene fördern (vgl. ebd., 990). Interessant ist, dass sich retrospektiv eine Hinwendung zum Frage- und Aufforderungssatz erst herausbilden musste: In der Anzeigenuntersuchung des „Gießener Anzeigers" stellt K.-H. Hohmeister fest, dass im Zeitraum von Ende der 1880 bis Anfang der 1890 Jahren die bis dahin typische Form des „Aussagesatzes" durch den „Frage- und Aufforderungssatz" abgelöst wurde (vgl. Hohmeister 1981: 278, nach Haubl 1992: 26). P. Schifko erläutert, dass die Argumentationsweise „(…) sehr stark vom Produkt, vom Medium und von der Zielgruppe ab[hängt]" (Schifko 1982: 990). Er fährt fort, dass sachliche Werbung vor allem auf den Gegenstand konzentriert ist, der zumeist „langlebigeren Investitions- und Konsumgütern" zuzuordnen ist. Suggestive Werbung wird hingegen für „kurzlebige Verbrauchsgüter und Dienstleistungen" eingesetzt und folgt „einer logische[n] Argumentationskette Kauf-Konsum-Wirkung" (ebd., 990): Der Kauf und Konsum eines Produktes führt zu einer Prestigesteigerung des Konsumenten, einer Gruppenzugehörigkeit, Gesundheitsförderung oder zu einem Zustand der Zufriedenheit (vgl. ebd., 990).[20] Nach P. Schifko werden die Argumente gemäß der „klassischen und modernen Rhetorik" gestaltet (ebd., 991). Die Argumente müssen auch in Werbetexten begründet werden, um als glaubwürdig zu gelten. C. Wehner unterscheidet zwischen drei Begründungsformen, die typischerweise in Werbetex-

[20] M. Danesi nennt als weitere Effekte, die durch die Verwendung eines beworbenen Produktes suggeriert werden, eine Verbesserung auf der Beziehungsebene, Selbstveränderung und neue Freundschaften zu finden (vgl. Danesi 2008: 30).

ten zu finden sind: Die erste Begründungsform ist durch eine „bloße Behauptung“ gekennzeichnet. Plausibilität ist die zweite Begründungsform, bei der „Image, Forschung oder Gütesiegel als Begründung herangezogen werden“ (Klüver 2009: 13). Bei der dritten Begründungsform, dem „Beweis“, wird ein Warentest oder eine Demonstration zur Hilfe genommen (vgl. Wehner 1996: 33 nach Klüver 2009: 13). P. Schifko zählt die Rhetorik bzw. die Stilistik von Werbetexten ebenfalls zur Pragmatik, da es sich „(…) um Verführung durch die Qualität der sprachlichen Formulierung mittels einer testbezogenen Art der Argumentation [handelt], bei der die ästhetisch-poetische und auch metasprachliche Funktion der Sprache besonders zum Tragen kommt“ (Schifko 1982: 991). Die Hyperbel ist beispielsweise typisch für Werbetexte, da sie sich besonders dafür eignet, die positiven Eigenschaften von Werbeprodukten sprachlich herauszustellen bzw. sie zu überhöhen. Der Werbeslogan „Nicht nur sauber, sondern rein“ der Waschmittelmarke Ariel ist ein bekanntes Beispiel für eine Hyperbel im Werbekontext. Der Begriff „Reinheit“ ist ambivalent, sodass er neben der Sauberkeit auch eine religiöse Konnotation besitzt. Eine religiöse oder spirituelle Reinigung ist von einem Waschmittel allerdings nicht zu erwarten und eine klare Übertreibung.

Komplementär zur Hyperbel ist der Euphemismus einzuordnen, der sich nach P. Schifko „(…) auf die abschwächende bzw. verniedlichende Präsentation negativer Eigenschaften bzw. in der Verwendung indirekter statt direkter Bezeichnungen bezieht“ (ebd., 992). P. Schifko definiert zudem das völlige Verschweigen von Sachverhalten als „verabsolutierter Euphemismus“ (ebd., 992). Er fährt fort, dass sich auf der Ebene der Wortpragmatik ein „signifikant hoher Anteil personal-, lokal- und temporaldeiktisch gebrauchter Wortschatzelemente“ zeigt, wie z.B. direkte Anrede, Zeit- und Ortsadverbien und Demonstrativa (ebd., 993). Des Weiteren wird eine Lexik mit positiven Konnotationen, z.B. eines vornehmen Registers zugehörig, bevorzugt und „Pejorativa bzw. vulgäre Ausdrücke vermieden“ (ebd., 993).[21] Bei der richtigen Wortwahl spielen natürlich ästhetische Aspekte ebenfalls eine große Rolle. P. Braun stellt fest, dass bestimmte Inhalte durch Substantivierung abstrahiert werden können (vgl. Braun 1993: 94). Nach N. Klüver können „Sachverhalte [durch Substantivierung] kür-

[21] Siehe dazu 2.1.3 Die semantische Ebene, Seite 34-37.

zer und prägnanter dargestellt werden" (Klüver 2009: 16), was wiederum der werbesprachlichen Maxime der Kürze und Prägnanz entspricht.

2.1.3 Die semantische Ebene

Werbetexte besitzen nach P. Schifko eine „relative Dichte und Strenge", da „die semantische Kohärenz von Werbetexten (…) durch ihre persuasive Grundfunktion, durch das zentrale Thema (…), durch den diskursiven Zusammenhang (…) sowie durch das Zusammenwirken der Einzelargumente meist in hohem Grad gegeben [ist]" (Schifko 1982: 991). Werbung bedient sich der Konnotationen, um z.B. durch Ambiguitäten Aufmerksamkeit zu erregen. P. Schifko definiert Konnotationen als „(…) alles das (…), was neben den zentralen Informationseinheiten des Textes (der Denotation) mitschwingt" (ebd., 991). M. Bode definiert die Denotation als „allgemeingültige Primärbedeutung" im Gegensatz zur Konnotation, die eine „sekundäre Bedeutung" besitzt und subjektiv ist (Bode 1999: 158 nach Klüver 2009: 13). H. Stöckl legt dar, dass die Denotation einer Werbebotschaft demnach die „buchstäbliche Bedeutung des Textes/Slogans" und die entsprechende Konnotation die „Werbeintention: [sic] Vorzüglichkeit des Produktes" ist (Stöckl 1997: 92). H. Karmasin erläutert, dass die objektive Konnotation zwischen der Primär- und Sekundärbedeutung einzuordnen ist, zu denen sie „Zusatzbedeutungen, die aber verfestigt sind und die alle/ die meisten Systemteilnehmer kennen [zählt]" (Karmasin 2007: 157).

Von dieser Hypothese geht auch die Prototypensemantik aus, die besagt, „(…) daß unser sprachliches kategoriales Denken in entscheidendem Maße von unseren Erfahrungen bestimmt wird" (Snell-Hornby 1999: 50). Die Kategorien besitzen demnach einen Kern und unscharfe Ränder, die auch als „fuzzy edges" bezeichnet werden. Die amerikanische Kognitionspsychologin E. Rosch hat durch ihre Forschung wesentlich zur Entwicklung der Prototypensemantik beigetragen. Ihr bekanntes Beispiel zur Kategorie „Vogel" verdeutlicht die zugrundeliegende Theorie anschaulich: Wenn ein englischer oder deutscher Sprecher zur Kategorie „Vogel" befragt werden würde, so würden sie mit großer Wahrscheinlichkeit ein Rotkehlchen oder einen Sperling als typischen Vertreter dieser Kategorie bezeichnen. Pinguine oder Strauße würden wahrscheinlich in ihrer Vorstellung am Rande dieser Kategorie anzusiedeln sein. Dies zeigt exemplarisch, dass die Vorstellung, was prototypisch ist, stark kulturbedingt ist. Ein Strauß könnte hingegen für einen Afrikaner, der einem Steppenvolk angehört, der Kern der Kategorie „Vogel“ sein (vgl. ebd., 50). Dies hängt auch von der Häufigkeit des Vorkommens eines Tieres in einem Kulturraum ab. Für Werbung ist die Erkenntnis wichtig, „(...) daß die Unschärfe von Wortbedeutungen kulturbedingt ist (ebd., 50)“, was vor allem für internationalen Kampagnen, die an verschiedene Zielkulturen angepasst werden, entscheidend sein kann. Mithilfe von Konnotationen lassen sich positive Assoziationen mit oder ohne Sympathie für ein Produkt wecken oder „implizite Informationen über Sender, Produkt und Empfänger“ vermitteln (Schifko 1982: 991). P. Schifko ist sich sicher, dass die Wirkung von Werbetexten zu einem Großteil auf die zugrundliegenden Konnotationen zurückzuführen ist (vgl. ebd., 991). N. Janich unterscheidet zudem strikt zwischen Assoziationen und Konnotationen. Sie definiert Assoziationen als „eine Verknüpfung zu anderen Begriffen“, sodass der Begriff „Mutter“ mit dem Begriff „Familie“ verbunden wird. Eine Konnotation ist nach N. Janich „eine Vorstellung, die nur an den Begriff selbst gebunden ist“. Im obenstehenden Beispiel würde der Begriff „Mutter“ beispielsweise mit „Fürsorglichkeit“ gleichgesetzt werden (vgl. Janich 2001: 102 nach Klüver 2009: 14).

Die meisten Wortspiele lassen sich P. Schifko zufolge der Semantik zuordnen, „denn sie beruhen auf einer bewußten Erzeugung einer Mehrdeutigkeit (Amphibolie)“ (Schifko 1982: 992). N. Janich ordnet Wortspiele zudem der dritten Kategorie der Möglichkeiten von sprachlicher Verfremdung in der Werbung zu: „(...) [B]ereits vorhandenes, eigenes oder etabliertes fremdes Sprachmaterial“ wird zu einer neuen Wortkomposition verfremdet, „(...) z.B. durch Wortspiele (wie ungewöhnliche Kollokationen, Spiele auf der Laut- und Schriftebene, Substitutionen (...)“ (Janich 2000: 271).[22] Die funktionalen Vorteile von Wortspielen sind dabei offenkundig, wie W. Wells, J. Burnett und S. Moriarty ausführen: “A play on words is a good way to develop something unexpected” (Wells 1989: 317). Werbung sollte idealerweise innovativ und unerwartet sein, um die Aufmerksamkeit der Empfänger zu erregen. H. Stöckl spricht an dieser Stelle sogar von einem „immensen Innovationsdruck“ innerhalb der Branche (Stöckl 1997: 17). W. Wells, J. Burnett und S. Moriarty wenden allerdings ein,

[22] Die erste und zweite Kategorie sind auf der Seite 48 erläutert.

dass die Praxis von diesem Ideal häufig abweicht: "Even though professionals continually disparage look-alike advertising, it remains a dominant advertising form" (ebd., 317). Wenn eine Werbeidee zu oft kopiert wird, wird sie schließlich zum Klischee (vgl. ebd., 317). T. Fritz bemerkt diesbezüglich, dass „[n]icht zuletzt (…) auch gewisse sprachliche Abnutzungserscheinungen festzustellen [sind], die dazu führen, daß die gängigen sprachlichen Formen werblicher Persuasion schon nach wenigen Jahrzehnten kaum noch jemand hören will" (Fritz 1993: 81). P. Schifko fasst zusammen, dass sich auf satzsemantischer Ebene neben Aussagesätzen häufig „Imperativ- und Interrogativ-, aber auch (…) Konditional-, Final und Kausalsätze" finden (Schifko 1982: 992). Dies lässt sich u.a. auf die Maxime der Kürze und Prägnanz zurückführen. Er fährt fort, dass die Tropen Metapher und Metonymie häufig suggestiv verwendet werden, da sie „für analogische Verkürzungen und Andeutungen besonders gut geeignet sind" (ebd., 992). Der österreichische Energy-Drink-Hersteller Red Bull vermarktet seit Jahren den nach der Firma benannten, leistungsfördernden Drink mit der Metapher „Red Bull verleiht Flügel". Diesen Slogan inszenieren sie jedoch nicht nur in humorvollen Zeichentrickwerbefilmen.[23] So wurde durch die Red Bull AG das „Luftrennen" „Red Bull Air Race Series" initiiert, bei dem Teilnehmer in selbstgebastelten, möglichst originellen Flugobjekten über einem Badesee „fliegen". Ein besonderer Coup dürfte für das Unternehmen der erfolgreiche Stratosphärensprung des Österreichers Felix Baumgartners gewesen sein, den sie finanziert haben und der den Projektnamen „Red Bull Stratos" trug. Diese Metapher ist bereits untrennbar mit dem Unternehmen verbunden (Web 3).

D. Flader nennt ein anschauliches Beispiel für eine „metonymische Substitution": „Genießen Sie LORD EXTRA" anstelle des Slogans „Nimm LORD EXTRA". D. Flader erläutert die Wirkung dieser Substitution, indem er beschreibt, dass „[d]ie primäre Handlung […] als Ursache durch ein Ereignis, das als ihre Wirkung behauptet wird, ersetzt [wird]" (Flader 1972: 349). Der Werber kann durch diese Technik zugleich auf der Inhaltsebene verdeutlichen, „warum

[23] Neben der guten Memorisierbarkeit von humorvoller Werbung bezeichnen W.Wells, J. Burnett und S. Moriarty Humor im Werbekontext als eine Art Belohnung für den Leser oder Zuschauer, wenn dieser die Werbung bis zum Ende, der Pointe, verfolgt hat (vgl. Wells 1989: 124). Humor macht ein Produkt sowie das jeweilige Unternehmen nach K. Spang zudem sympathisch (vgl. Spang 1987: 68).

ein bestimmtes Produkt ein befriedigendes Handlungsziel realisieren kann" (ebd., 349), da der Sprechakt „Sie können LORD EXTRA genießen" die Präsupposition „LORD EXTRA kann Genuß verschaffen" beinhaltet. Antithesen (z.B. „Heiße Schnäppchen für die kalte Jahreszeit") und personifizierte Produkte oder Tiere (z.B. „Katzen würden Whiskas kaufen") sind ebenfalls häufig in Werbetexten zu finden. Die Personifizierung ermöglicht einen Perspektivwechsel, sodass die „Bedürfnisse" oder „Gefühle" des Tieres in den Vordergrund treten. Solche rhetorischen Mittel treten natürlich nicht immer isoliert auf, wie ein von P. Schifko angeführtes Beispiel verdeutlicht: „Citroën: Intelligenz auf Rädern" beinhaltet „eine Antonomase [sic] (Identifizierung von Citroën-Autos mit der globalen Eigenschaft „Intelligenz"), eine metonymisch motivierte Synekdoche [sic] (der Teil für das Ganze) sowie eine Doppeldeutigkeit (intelligent ist der Hersteller und/oder der Käufer)" (Schifko 1982: 992). Wie komplex ein Claim[24] gestaltet wird, muss auch hinsichtlich der Zielgruppe entschieden werden. P. Schifko zufolge sind jene Werbetexte am effektivsten, „die an der Oberfläche einfach sind, in der Tiefe (...) suggestiv wirken" (ebd., 992). H. Stöckl stellt zudem fest, dass rhetorische Figuren „(...) das Bewußtsein des Rezipienten beim Zeichenkörper verweilen lassen (...) [und] ein Mittun des Rezipienten provozieren" (Stöckl 1997: 91).

2.1.4 Die syntaktische und morphologische Ebene

P. Schifko sieht auf dieser Ebene vor allem zwei Aspekte als bedeutsam an, da sie durch ihr quantitatives Auftreten besonders deutlich werden: die Kürze und Prägnanz von Werbetexten, vor allem bei Slogans, Schlagzeilen und Annoncen (vgl. Schifko 1982: 993). Nach Meinung von N. Janich werden Punkte immer häufiger zur Abgrenzung von Sinneinheiten gesetzt, um die Sätze dadurch zu strukturieren und zu verkürzen (vgl. Janich 2001: 182, nach Klüver 2009: 39).

---

[24] H. Diller definiert einen „Claim" als „[k]urze, prägnante Zusammenfassung der zentralen Werbeaussage, wodurch ein hoher Erinnerungswert und eine konzentrierte Suggestionsdichte beabsichtigt wird [sic]. Die Eingängigkeit von Claims wird in der Werbepraxis häufig zusätzlich durch einen besonderen Sprachrhythmus gesteigert. Claims müssen unverwechselbar, eingängig, leicht verständlich und kurz sein, um das Werbeobjekt „Markieren" zu können und es so aus der Masse beworbener Objekte herausheben zu können" (Diller 1992: 1066).

Kürze wird häufig auch durch die Verwendung von Ellipsen, d.h. Auslassungen von Satzgliedern oder einzelner Wörter erzielt. Das Prädikat wird oftmals als Satzglied weggelassen (z.B. „Bitte ein Bit" als Slogan der Bitburger Brauerei). Die Liste der einzelnen Wörter, die aus stilistischen Gründen wegfallen können, reicht von finiten Verben, Artikel, Personalpronomen, über Präpositionen zu Konjunktionen (vgl. Schifko 1982: 993). P. Schifko findet dafür ein extremes Beispiel einer Anreihung von Ellipsen: „Diamantschmuck. Aus Liebe. Von ihm. Für jetzt. Und für immer" (ebd., 993).

D. Flader stellt fest, dass Slogans häufig eine „syntaktische Zweigliedrigkeit" aufweisen, wie etwa der Werbeslogan „Gute Preise, gute Besserung" des Pharmaunternehmens Ratiopharm (Flader 1972: 341). Noch extremer wäre nur noch die Reduktion des Werbetextes auf einen Produktnamen oder ein Nominalsyntagma (vgl. ebd., 993). Eine solche Reduktion ist bei Slogans durchaus zu finden (z.B. „Brille: Fielmann" der Optikerkette Fielmann). Auslassungen sollen selbstverständlich den Rezipienten dazu anregen, diese Lücken interpretativ zu schließen. Neben Ellipsen bedient sich die Werbesprache häufig einfacher und kurzer Hauptsätze. Dabei werden Sätze „durch allgemeine koordinierende Konjunktionen bzw. durch konjunktionslose Junktion oder Apposition" (ebd., 993) miteinander verbunden, was die gewünschte Ambiguität erzielt. P. Schifko erklärt dieses Merkmal der Kürze auch durch drei einflussnehmende Aspekte oder Ursachen: Der erste Aspekt basiert auf dem Werbeträger.[25] Bei dem Werbemittel der „Kleinanzeige" deutet die Bezeichnung schon darauf hin, dass nur wenige Spalten für die Vermittlung der Werbebotschaft zur Verfügung stehen. Ebenso verhält es sich mit Werbung auf Verkehrsmitteln, Hausmauern und Verpackungen. Als zweiten Aspekt nennt P. Schifko wirtschaftliche Gründe. So muss Werbung „nach Anzahl der Spracheinheiten bzw. nach beanspruchten Raum" bezahlt werden. Der letzte Aspekt umfasst die Rezeptionssituation. Die Werbung auf Verkehrsmitteln beispielsweise muss derart konzipiert sein, das ein schnelles Lesen und Merken der Inhalte auch beim Passieren des Verkehrsmittels möglich ist (vgl. ebd., 991). Des Weiteren sind Werbeanzeigen durch eine Dreiteilung des Anzeigenaufbaus gekennzeichnet: Die Werbeanzeigen besitzen eine „Headline", also eine Überschrift, die die Aufmerksamkeit des Betrachters

---

[25] Eine Erläuterung des Begriffs findet sich auf Seite 10.

durch den Text und die graphische Gestaltung erregen soll. Sie kann bereits Hauptargumente hervorheben (vgl. Schifko 1982: 991). Der „Body-Copy" ist der Haupttext der Anzeige, der das Produkt vorstellt und seine Vorzüge benennt. Ein Slogan steht häufig neben dem Firmenlogo oder unter dem Bild oder „Visual" (vgl. Haubl 1992: 24). Er macht eine Marke unverwechselbar (vgl. Zillig 2000: 21 nach Klüver 2009: 15) und bildet den Abschluss einer Werbeanzeige. P. Schifko bezeichnet ihn als „effiziente Synthese und Essenz des Werbetextes" (Schifko 1982: 991). Diese Elemente sind häufig vertikal angeordnet (vgl. Haubl 1992: 24).[26] Neben der Headline kann auch eine „Top"- oder „Subheadline" vorkommen. Die Headline und der Slogan umfassen bei prototypischen Werbeanzeigen nur wenige Worte bzw. einen Satz. Der Body-Copy selbst ist üblicherweise ebenfalls auf die wichtigsten Aspekte reduziert. So determiniert der prototypische Aufbau einer Werbeanzeige bereits die Länge des Werbetextes, was jedoch zugunsten der Effizienz erfolgt.

P. Schifko zählt repetitive Figuren, d.h. „Wiederholungen von Lauten/Graphemen (...), von Wörtern, Satzteilen, Sätzen und sogar Texten (...)", aufgrund ihrer „[v]orwiegend syntaktischen Natur" ebenfalls zur syntaktischen Ebene (Schifko 1982: 992). Repetitive Figuren führen zu z.B. Parallelismus, die kataphorischen Satzstrukturen und die darin liegende Rhythmik einer leichteren Einprägsamkeit des Textes und einem hohem Grad an Ästhetik. So hebt er hervor: „[D]ie Wortspielkategorie der Anspielung auf Wörter (...), Zitate und sprichwörtliche Redensarten" stellen eine versteckte Form der Wiederholung dar. Sie sind witzig und wirken durch die Anspielung auf „bekannte Strukturmuster vertrauenserweckend" (ebd., 992). Der aktuelle Claim der „Online-Premiumfashionplattform Department47 [sic]" (Web 40) illustriert eine solche Anspielung auf ein bekanntes Sprachmuster: „Department47 – Einkaufen wie in der guten neuen Zeit". F. Tromm, der Agenturchef der Berliner Agentur TryNoAgency (TNA) und Kreative hinter dieser Werbung, erläutert die Bot-

[26] R. Haubl vergleicht dieses dreigliedrige Strukturprinzip mit einem barocken Emblem, das ebenfalls aus einem Motto (lemma, titulatio), einem Bild (icon, pictura) und epigrammatischen Stanzen (subscriptio) bestand und einen „Rätselcharakter" besaß. Heutige Werbeanzeigen greifen demnach auf „bewährte" Strukturen zurück. Lediglich die Moralisierung als Funktion des Emblems ist bei Werbeanzeigen (in der Regel) nicht zu finden (vgl. Haubl 1992: 24).

schaft: „Der Claim Einkaufen wie in der guten neuen Zeit [sic] transportiert zusammen mit der außergewöhnlichen Location Geist, Stil und Servicegedanken der guten alten Zeit und verbindet ihn mit den Vorteilen des modernen Onlinekaufs“ (ebd., 1).

P. Schifko legt dar, dass auf der morphologischen Ebene bei Werbung vor allem „Präfixe mit appreziativer Funktion“ von Bedeutung sind, wie z.B. die Präfixe „extra-, hyper-, super-, ultra- und ur-“ (Schifko 1982: 995). „(…) [N]ormal-funktionelle Präfixoide[…] wie anti-, auto-, inter- (…) [und] tele-“ (ebd., 995) finden sich nach P. Schifko natürlich auch in Werbetexten wieder, wenngleich sie nicht unbedingt werbetypisch sind. Hinsichtlich der Suffigierung nennt P. Schifko die Substantivsuffixe und vor allem die deadjektivischen Suffixe als wichtigstes Merkmal für die Werbesprache. Des Weiteren zeigt sich der häufige Gebrauch des Agens- bzw. Instrumentalsuffix –er, um Maschinen zu benennen, wie beispielsweise der „Mixer“, der bereits in die Gemeinsprache eingegangen ist. Phantasiesuffixe finden sich verstärkt im Kontext von chemischen Produkten. P. Schifko führt für solche Phantasiesuffixe wie„-al, -an, -ax, -ex, -(l)in, -ol, -on“ die Markennamen „Ajax“ oder „Odol“ (ebd., 995) an. Ein wichtiger Aspekt der Wortbildung innerhalb der Werbesprache stellt die Komposition dar. Die Vorteile sind für P. Schifko diesbezüglich unverkennbar: Die Bildung von Kompositionen ist im Deutschen besonders leicht möglich und bietet sich somit auch in Werbetexten an.[27] Komplizierte Satzgliedern lassen sich durch die Komposition ökonomisch zusammenfassen. Kompositionen besitzen zudem eine „funktionale Flexibilität und Vielfältigkeit (…), wodurch sehr auffällige und ausdrucksstarke Bildungen entstehen können“ (ebd., 995). Dabei kommen sowohl substantivische als auch adjektivische Bildungen vor, die auf funktionaler Ebene „anpreisend-laudativ“ oder „malerisch-deskriptiv“ und mit Fremdwörtern kombiniert sind. P. Schifko verdeutlicht dies mit dem Beispiel des „Biointensiv-Spülkraft-System[s]“ (ebd., 995). Adjektive können „als erste und/oder zweite Kompositionskonstituenten“ fungieren. Die folgenden Adjektive werden von P. Schifko als häufig verwendete Kompositionskonstituenten genannt: „-aktiv-, -belebend, -echt, -fertig-, -fein-, -fest, -frei, -freundlich, -frisch-, -gerecht, -leicht-, -los, -schonend, -sympathisch“ (ebd., 995). Ungewöhnliche

[27] Siehe dazu die besondere Bedeutung von Neologismen auf den Seiten 45-49.

Kompositionen wie etwa die Begriffe „aromafrisch“ oder „gefriergetrocknet“ würden, so P. Schifko, die „Gebrauchsnormen des Deutschen“ zwar überschreiten, allerdings verdeutlichen sie, wie kreativ Werbung mit Sprache umgeht, sodass solche Wortbildungen längst Einzug in die Alltagssprache gefunden haben (ebd., 995). Der Gebrauch von Komparativen und Superlativen ist im Bereich der Nominalflexive häufig vertreten. P. Schifko merkt diesbezüglich an, dass juristische Schwierigkeiten sprachlich vermieden werden, indem Produkte offen wie in der Formulierung „XY ist besser“, negativ wie mit der Aussage „Nichts ist besser als XY“ oder intern verglichen werden, wie z.B. mit der Behauptung „Das beste XY, das es je gab“ (ebd., 995). Der Modus des Imperativs wird häufig im Bereich der Verbalflexive verwendet. Dies findet P. Schifko bemerkenswert, da die illokutionäre Intention in dieser Weise direkt geäußert wird, wie z.B. im bekannten Slogan „Trink Coca Cola“. Verben, die häufig in diesem Modus in Werbetexten genutzt werden, sind u.a. „verlangen, auswählen, versuchen, (aus)probieren, schauen, hören, fühlen, sich überzeugen, genießen“ (ebd., 996). Hinsichtlich der Tempora dominieren das Präsens und das Futur. P. Schifko erläutert, dass das Präsens „den Ausdruck einer zeitenthobenen und allgemeingültigen Ewigkeitsfunktion“ vermittelt und das Futur „die Dimension der Versprechungen und des Genusses nach dem Kauf repräsentiert“ (ebd., 996). Die Werbeexperten greifen auch gern auf den Infinitiv zurück, der als Imperativsatz fungieren kann und zudem die Person und Zeit nicht näher beleuchtet, wie das Beispiel „XY genießen“ verdeutlicht. Noch reduzierter als der Imperativsatz ist nur noch der verblose elliptische Satz, wie im Slogan „Täglich XY“ (vgl. ebd., 996).

Abschließend soll der Vollständigkeit halber kurz darauf hingewiesen werden, dass Werbetexte auf der Ebene der Phoneme und Grapheme „alle prosodischen (Akzent, Intonation, Modulierung) Möglichkeiten der gesprochenen Sprache“ realisieren können, was besonders bei Slogans und Markennamen zum Tragen kommt. Des Weiteren betrifft dies repetitive Figuren wie Alliterationen, wie z.B. „Actimel aktiviert Abwehrkräfte“, Assonanzen wie beispielsweise „Männer nehmen Mennen“ und Reime. Produktnamen können onomatopoetische oder lautsymbolische Elemente besitzen und graphisch gestaltet werden (vgl. ebd., 996). Andere Werbemittel als Printanzeigen bedienen sich zudem des

Tons und der Musik zur Vermittlung ihrer Werbebotschaft. Dabei haben Musik und Geräusche gemäß P. Schifko „eine verstärkende Suggestivfunktion“ und unterstützen die „Memorisierbarkeit einer Werbeaussage“ (ebd., 988). Eine Verbindung zwischen Ton und Wort ist der Jingle, der nach M. Danesi als “(…) a musical slogan – a memorably melody married perfectly to its lyrics” definiert wird (Danesi 2008: 36). All diesen Komponenten, Bild, Wort und Ton, ist gemein, dass sie „sich (…) [funktional] zueinander homolog-verstärkend oder komplementär verhalten“ (Schifko 1982: 988).

2.1.5 Die Lexik der Werbesprache

Auf mikrostruktureller Ebene der Lexik haben sich nach S. Bendel vor allem vier Typen über die Jahre konstant in der Werbesprache gehalten: „(…) Komposita, Fremdwörtern, Adjektiven und superlativischen Ausdrücken“ (vgl. Bendel 1998: 146, nach Tschörner 2007: 12). K. Tschörner bezweifelt, dass es sich diesbezüglich um „exklusive Merkmale von Anzeigentexten“ handelt, wenngleich sie die persuasive Absicht der Werbebotschaft sicherlich unterstützen (Tschörner 2007: 12). P. Schifko erkennt außerdem ein „Vorherrschen nominaler Klassen“ in Werbetexten, allen voran Substantive und Adjektive. Er fährt fort, dass Verben hinter diesen Klassen deutlich zurückfallen und sich „(…) auf die Bereiche der Produktion (machen, leisten) [sic], der Bedürfnisse, der Kaufentscheidung und des Konsums des Verbrauchers (brauchen, wollen, probieren, wissen, kaufen, haben, genießen) [beziehen]“ (Schifko 1982: 993).

P. Schifko führt den hohen Gebrauch von Adjektiven und Substantiven in Werbetexten auf die Werbefunktion zurück: Das Produkt und das Unternehmen müssen identifiziert werden, was den verhältnismäßig hohen Anteil an Eigennamen und generischen Bezeichnungen erklärt. Attributive Adjektive und davon abgeleitete Substantive unterstützen die Funktion des Anpreisens und der positiven Bewertung (vgl. ebd., 993). L. Vogt konstatiert, dass Substantive die am häufigsten verwendeten Wörter in der deutschen Werbesprache sind, da sie „(…) im Vergleich zu Adjektiven genauer und glaubwürdiger [wirken]. Die Großschreibung verleiht ein optisches Gewicht, zusätzlich kann die Botschaft schneller aufgenommen werden, da sie den gesamten Inhalt eines Satzes enthalten [sic]“ (Vogt 1992: 168). Nach P. Schifko lassen sich Teilbereiche des Wortschatzes finden, die häufig im Werbetexten vorkommen: Den ersten Bereich der Quantifizierung stellen Ausdrücke der Vielzahl dar, wie z.B. „alle, jeder, man meist, viele, Millionen [sic]" (ebd., 994). Ebenso häufig werden im zweiten Bereich Ausdrücke der Exklusivität, beispielsweise „allein, einzig, individuell, nur [sic]" (ebd., 994) verwendet, die sich auf den Produzenten, das Produkt oder den Konsumenten beziehen können (vgl. ebd., 994). Der dritte Bereich der objektiveren Qualifizierung findet sich bei der Produktverbreitung, die z.B. als „jetzt, jung, modern, neu, [noch] nie [zuvor], europäisch, weltweit [sic]" (ebd., 994) ausgewiesen werden kann. Produzenten, die z.B. als „erfahren, fortschrittlich, vernünftig, wissenschaftlich [sic]" charakterisiert werden oder Produkteigenschaften, die z.B. mit „frisch, gesund, günstig, gut, natürlich, rein, schön, wertvoll [sic]" (ebd., 994) beschrieben werden, gehören gleichermaßen zur Kategorie der objektiven Qualifizierung. Den fünften Bereich stellen jene Ausdrücke in Werbetexten dar, die den Nutzen für den Konsumenten betonen, wie z.B. die Substantive „Bequemlichkeit, Genuß, Schutz, Sicherheit" (ebd., 994). Der sechste Bereich umfasst die subjektive Anpreisung, die Produkte oder ihre Wirkung, die superlativisch überhöht charakterisiert werden. Die meisten in Werbetexten verwendeten Adjektive lassen sich auf diese Kategorie zurückführen, wie z.B. die positiv bewertenden Adjektive „gut (besser, best [sic]), groß, schön, (…) dufte, echt, extra, erstaunlich, kostbar, original, prima, phantastisch, toll, vollendet, wundervoll [sic]" (ebd., 994). Appreziative Kompositionselemente, wie beispielsweise „edel-, fein-, Luxus-, Marken-, Spezial-, Spitzen-, Traum-, [sic]" die Verwendung von Adjektiven im Komparativ bzw. Superlativ und die Verstärkung und Intensivierung durch Adverbien, wie beispielsweise „echt, rein, mehr als günstig, wirklich gut [sic]" (ebd., 994) gehören gleichermaßen zum sechsten Bereich.

Des Weiteren können Substantive durch mehrere Adjektive potenziert werden. Nach P. Schifko wird im Falle einer Wahl zwischen Synonymen stets der positiv konnotierte Ausdruck bevorzugt und ungünstige Konnotationen werden bewusst vermieden, sodass Waren z.B. als „preisgünstig", aber nicht als „billig" bezeichnet werden (vgl. ebd., 994). Dieses Beispiel Schifkos verdeutlicht, wie sich die Werbung in den letzten zwanzig Jahren verändert hat. Werbung vermeidet auch heute noch ungünstige Konnotationen, allerdings ist bezüglich des Begriffs „billig" ein Bedeutungswandel innerhalb einiger Branchen zu erkennen. Ein niedriger Preis kann sogar ein ausschlaggebendes Verkaufsargument z.B. im Elektronikfachhandel oder bei Telefonanbietern sein. So warb der Elektronikkonzern „Saturn" jahrelang mit dem Slogan „Geiz ist geil", obwohl Geiz ein eindeutig negativ konnotierter Begriff ist. Ein anderes Beispiel von P. Schifko verdeutlicht die günstige Auswahl zwischen zwei Synonymen treffender: Der fremdsprachlichen Ausdruck Coiffeur hebt die Berufsbezeichnung Frisör oder Haarschneider prestigehaft (vgl. ebd., 944) hervor oder wie T. Fritz es formuliert: „Auch die fremdsprachlichen Einflüsse in der Werbung dienen meist dem Ziel der exotischen Aufwertung (…)" (Fritz 1993: 74). Die Bezeichnung „Frisöse" wird als abwertend empfunden, weshalb auf Alternativen wie Coiffeuse oder Hairstylistin zurückgegriffen wird. Werbefachleute können z.B. mit englischen Begriffen Sachverhalte verschleiern, die im Deutschen einen negativen Beiklang haben.

Anglizismen oder rein englische Slogans können beispielsweise Fremdwörter sein, die in der deutschen Werbung ganz selbstverständlich geworden sind. Unter einem Anglizismus wird nach D. Schütte „(…) ein sprachliches Zeichen [verstanden], das ganz oder teilweise aus englischen Morphemen besteht, unabhängig davon, ob es mit einer im englischen Sprachgebrauch üblichen Bedeutung verbunden ist oder nicht" (Schütte 1996: 38). Oft wird mit englischen Begriffen Modernität, Technologie oder Internationalität assoziiert und suggeriert. D. Schütte veranschaulicht dies mit den unterschiedlichen Konnotationen der Begriffe „Callgirl" und „Prostituierte" (vgl. ebd., 40f). Beide beschreiben dieselbe Profession, wobei der zuerst genannte Begriff auf Unwissende harmloser wirkt und die Berufsbezeichnung euphemistisch ausdrückt. Bei dem Versuch einer Herleitung aus dem Englischen ins Deutsche wären auch andere Interpretationen denkbar (z.B. eine Telefonistin). Dieser Begriff ist heute allerdings derart im Deutschen etabliert, dass sich die Konnotationen vermutlich angepasst haben. Laut der Endmark AG greifen „[e]twa 25 % der Werbebotschaften (…) auf die englische Sprache zu, um den Verbraucher zu erreichen" (Web 19), da Englisch den Werbefachleuten einige Vorteile bietet, die N. Klüver wie folgt zusammenfasst: „Viele englische Ausdrücke sind kürzer und präziser als die deutsche Übersetzung" (Klüver 2009: 18), was in besonderem Maße auf Fachtermini zutrifft. S. Bohmann unterscheidet zwischen vier Typen von Anglizismen: Zur ersten Kategorie des „konventionellen Typs“ gehören Anglizismen, die „allgemein bekannt, anerkannt und im Sprachgebrauch fest integriert [sind], auch wenn sie sich in Orthographie und Phonetik manchmal von ihren englischen Originalen unterscheiden“ (Bohmann 1996: 19). Ein Beispiel für diese Kategorie wäre der „Computer“. In der zweiten Kategorie, der „dem deutschen Phonem-Graphem-System angepaßte Anglizismus“, werden die englischen Begriffe durch deutsche Suffixe oder Präfixe in den deutschen Wortschatz integriert, wie z.B. bei dem Adjektiv „gestylt“ oder dem Verb „updaten“ (vgl. ebd., 19). Die dritte Kategorie der „anglizistische[n] Kombinationstypen“ umfasst alle deutschen Ausdrücke, die aus deutschen und englischen Morphemen bestehen, wie beispielsweise das „Open-Air-Konzert“ oder die „Musikcharts“. Die letzte Kategorie beinhaltet „neue Anglizismentypen“, also Neologismen, die die Werbetreibenden kreieren, um eine „Uniqueness“, d.h. das Alleinstellungsmerkmal, zu erzeugen (vgl. ebd., 20).

P. Schifko definiert Neologismen als „lexikalische Neuschöpfungen durch die verschiedenen Verfahren der Wortbildung bzw. durch Entlehnung“ (Schifko 1982: 994). Zu dieser Kategorie kann die „Five-Pocket-Jeans“ gezählt werden (vgl. Bohmann 1996: 19). Dies verdeutlicht, dass sich durch das Ausweichen auf die englische Sprache nicht nur negative Konnotationen geschickt umgehen lassen, sondern dass es auch neue Variationsoptionen eröffnet, in denen englische Wörter synonym verwendet werden oder, wie in der vierten Kategorie von S. Bohmann, Leerstellen in der deutschen Sprache gemäß D. Schütte geschlossen werden (vgl. Schütte 1996: 38). Solche Lücken entstehen z.B. durch „[g]esellschaftliche Entwicklungen wie Technisierung, Industrialisierung und internationale Zusammenarbeit (...)“ (ebd., 39).[28] J. Androutsopoulos wendet jedoch ein, dass manche Werte in der Werbung nicht mit Anglizismen oder eng-

[28] Natürlich lassen sich viele dieser vermeintlichen „Leerstellen“ auch durch die Komposition deutscher Wörter schließen, wie der Verein Deutsche Sprache mit seinem jährlich erscheinenden „Der Anglizismen-Index“ immer wieder unter Beweis stellt. In diesem „Nachschlagewerk“ benennt er Synonyme zu gängigen Anglizismen und macht Vorschläge zu deutschen Entsprechungen, die sich 2013 immerhin auf ca. 7500 Einträge beliefen. Ob sich solche Sprachempfehlungen eines Vereins langfristig gegen die omnipräsente Einflussnahme der Werbe- und Mediensprache auf die Alltagssprache durchsetzen können, bleibt fraglich (Web 52).

lischen Werbeslogans ausgedrückt werden können: „Folgerichtig steht nicht nur Englisch, sondern auch Deutsch im Werbeslogan für bestimmte Werte – national, vertraut, heimisch, bodenständig, traditionell –, die durch Englisch nicht [sic] vermittelt werden können“ (Web 1). Neologismen in der Fremdsprache sind mit Sicherheit diffiziler, wie das Beispiel von SEAT verdeutlicht: Der spanische Automobilhersteller vermarktet seit 2012 seine Automobile mit dem Neologismus „ENJOYNEERING“ [sic] (Web 30), was eine Wortkontamination aus enjoyment (Genuss oder Vergnügen) und engineering (Technik oder Ingenieurskunst) ist. Eine Untersuchung der Endmark AG aus dem Jahr 2013 ergab, dass weniger als ein Viertel der Befragten diesen Begriff korrekt herleiten konnte (vgl. Web 19). Deutsche Neologismen tauchen gelegentlich in Werbetexten auf, wenngleich sie „(…) eher ein seltenes Metier der Werbesprache bilden (…)“ (Web 19). Eine Ausnahme bilden, so P. Schifko, die „identitätsschaffenden Eigennamen für Firmen, Marken und Produkte“, die sehr häufig Neologismen sind (Schifko 1982: 994). Er erläutert, dass solche Markennamen originell, einprägsam, wohlklingend, dem Produkt entsprechend werbewirksam, „der phonologischen und morphologischen Struktur der Sprache entsprechend“ und ebenso internationalisierbar sein sollen (vgl. ebd., 994).[29]

P. Schifko zählt die drei „häufigsten Strukturtypen für Markennamen“ auf: Gattungsbezeichnungen, Personen- und Ortsnamen sowie eine Kombination aus Eigen- und Gattungsnamen können als Markennamen fungieren. P. Schifko nennt als Beispiel für eine Gattungsbezeichnung den Markennamen der österreichischen Tageszeitung: „Die Presse“. Personen- und Ortsnamen als Markennamen finden sich häufig im kulinarischen Bereich, wie etwa der „Cognac“, der nach der gleichnamigen französischen Stadt benannt wurde. Die „Bosch-Waschmaschinen“ verdeutlichen exemplarisch eine Kombination aus Eigen-

[29] Ganz im Sinne des Trends der Spaghettisierung (siehe Seite 81) ergab eine Analyse von 800 Produktnamen der Düsseldorfer Naming-Agentur Nomen International im Jahr 2011, dass im Bereich der Lebensmittelmarkennamen auf dem deutschen Markt italienische Silben, allen voran „bel“, besonders beliebt sind. Weitere häufig vorkommende italienische Silben sind „vita“, „bon“, „san“, „issimo“ oder „ria“. Die Geschäftsführerin der Nomen International S. Kircher erläuterte diesen Trend wie folgt: „Deutsche Nahrungsmittel lassen sich mit mediterranem Flair besser vermarkten. Deutsch gilt als hausbacken, wenig raffiniert und eignet sich nur zur Kennzeichnung heimischer Spezialitäten“ (Web 55).

und Gattungsnamen. Solche Neubildungen lassen sich auf verschiedene Art und Weise kreieren. P. Schifko ermittelte sieben Typen: Neologismen können durch spontane Eingabe „ex nihilo“ geschaffen werden (vgl. ebd., 995). Die amerikanische Eiscrememarke Häagen Dazs ist ein bekanntes Beispiel für diesen Typ. Der Hintergrund dieser Namensfindung ereignete sich gemäß R. Lyons wie folgt: “Mr. Mattus came up with the name Haagen-Dazs [sic], wanting it to sound cold, luxurious and Danish. A map of Scandinavia was printed on its carton. But the name is not Danish, indeed the umlaut does not exist in Danish, and the name means as little in that language as it does in English. (…) But it was noticed” (Web 32). Des Weiteren wird ein Markenname oft „nach phonologischen und eventuell lautsymbolischen Kriterien“ gewählt, wie beispielsweise im Fall des Scheuermittels „Ata“. Es finden sich „vollständige Entlehnung[en]“ wie etwa bei der an junge Mädchen gerichteten Kosmetikmarke „Outdoor-girl“ oder „Anlehnung[en] an lateinisch-griechische Etyma und Wortbildungsstrukturen“ wie im Fall der Zahncreme „Pepsodent“ (Schifko 1982: 995). Der Markenname „Persil“ ist ein Beispiel für ein Portmanteau-Wort, also eine Verschmelzung der beiden Worte Perborat und Silicium, die die ursprünglichen Hauptbestandteile des Waschmittels waren. Die letzten beiden Typen der Neubildung von Markennamen umfassen Abkürzungen wie beim Automobilhersteller „VW“ oder „(…) Zusätze von Zahlen und Buchstaben“ wie beispielsweise beim „Audi 100“ (vgl. ebd., 995). Diese letztgenannten Typen sind allerdings deutlich weniger kreativ.

Die obenstehende Aufzählung Schifkos ist in dieser Form jedoch unvollständig, da sich z.B. Anlehnungen nicht nur auf lateinisch-griechische Wortbildungsstrukturen begrenzen müssen. Dies wird mit dem von der Coca-Cola-Company in den 1990er Jahren erfundenen Begriff „unkaputtbar“ verdeutlicht, mit dem das Unternehmen die Einführung ihrer PET-Flaschen bewarb. Die Werbefachleute der Endmark AG bewerten diese Wortschöpfung als gelungen, da sie einen Eingang in die Alltagssprache gefunden hat, was aus Sicht eines Werbers das Beste ist, was einem Slogan widerfahren kann, da er dadurch omnipräsent wird (vgl. Web 19). Sprachpuristen werden dieses ungrammatikalische Adjektiv sicher anders einschätzen.[30]

[30] Zu diesem Neologismus findet sich auf der Duden-Homepage in der Tat ein eigener Eintrag, der jedoch den Sprachgebrauch mit dem Schlagwort „Werbesprache“ spezifiziert.

N. Janich zählt diese „irreguläre Wortbildung" (Janich 2000: 271) „unkaputtbar" zur ersten Kategorie der Möglichkeiten von sprachlicher Verfremdung in der Werbung: So werden in dieser Kategorie neue sprachliche Formen gebildet, indem an bereits „Vorhandenes" angeknüpft wird. Sie nennt exemplarisch zudem das „scheinbare[…] Fachwort (…) probiotisch" (ebd., 271). N. Janich gibt zu bedenken, dass bei dieser Kategorie immer „(…) [der] Mittelweg zwischen Aufmerksamkeitserregung und Akzeptanz zu finden [ist]" (ebd., 271). Mithilfe von Neologismen können selbst scheinbar banale Sachverhalte aufgewertet werden: Ein bekanntes Beispiel ist der von der Nestlé AG geprägte Begriff „Cerealien" für Getreideprodukte wie „Cornflakes, Müsli und andere knusprige Getreideerzeugnisse" (Web 34). Zwar weist Nestlé in seiner Begriffsdefinition darauf hin, dass „[d]as Wort „Cerealien" (…) Getreide bzw. Produkte aus Getreide [bedeutet], und (…) sich vom Namen der römischen Göttin des Ackerbaus „Ceres" ab[leite]", allerdings ist die lexikalische Ähnlichkeit zu dem englischen Begriff „cereals" viel zu offensichtlich, um zufällig zu sein. Nestlé versucht sich mit dem Lehnwort „Cerealien" von anderen Getreidelebensmittel-Herstellern abzuheben. Der ungewohnte Klang des Begriffs erregt die Aufmerksamkeit und Neugier der Zielgruppe sicherlich mehr als das deutsche Äquivalent, wenngleich sich die Lebensmittel durch diese Umetikettierung faktisch nicht unterscheiden.[31] N. Janich zählt diesen Neologismus zur zweiten Kategorie der Möglichkeiten von sprachlicher Verfremdung in der Werbung: Fremdes Sprachmaterial wird in einer Art und Weise genutzt, sodass die Fremdheit einen funktionalen Charakter besitzt, z.B. durch Desintegration oder Dekomposition (vgl. Janich

Es wird nicht auf den Wortschöpfer Coca Cola verwiesen und es findet sich kein Hinweis auf die Ungrammatikalität des Adjektivs. „Unkaputtbar" scheint auch offiziell Eingang in die Alltagssprache gefunden zu haben (vgl. Web 12).

31 Die Technik „des einzigartigen Verkaufsvorteils", in der Branche besser bekannt als „Unique Selling Proposition (USP)" (vgl. Karl 2011: 80) ist eine weitere Möglichkeit, um sich trotz eines ähnlichen Produktes von den Konkurrenten abzuheben. Nach W. Wells, J. Burnett und S. Moriarty wurde das Konzept des USPs von R. Reeves, dem Leiter der Ted Bates advertising agency entwickelt (vgl. Wells 1989: 286). Sie definieren diesen Begriff wie folgt: "A USP, then, is a promise of a benefit that is both unique to the product and important to the prospect. USP is frequently marked by the use of an "only" statement. This can be an outright statement or just implied" (ebd., 286). Als Beispiel geben W. Wells, J. Burnett und S. Moriarty folgenden USP an: "This camera is the only one that lets you automatically zoom in and out to follow the action of the central figure" (ebd., 286).

2000: 271). Der Auffälligkeitswert eines solchen verfremdeten Wortes wird durch „(...) Wortbildungsstrategien, Wortspiele, typographische Mittel oder ungewöhnliche Kombinationen mit eigenem Sprachmaterial" erzeugt (ebd., 271).

Die Begriffe der Alltagssprache oder einem der Zielgruppe entsprechendem Jargon können ebenfalls die gewünschte Aufmerksamkeit erregen und sind folglich häufig in Werbetexten zu finden. Begriffe dieser Soziolekte werden laut N. Klüver durch die wiederholte Verwendung „schließlich als werbetypisch empfunden (...)" (Klüver 2009: 11). Je nach Produkt erzeugen Werbefachleute bewusst durch umgangssprachliche Begriffe, Soziolekt oder Dialekt eine Nähe zur anvisierten Zielgruppe. T. Fritz stellt in Bezug auf produktspezifische Bildungsformen fest, dass sie oftmals eine fachliche Kompetenz suggerieren: „Produktspezifische Bildungsformen – etwa wissenschaftliche Ableitungen bei Arzneimitteln – sind nicht selten.

Da die Produktbezeichnung das Zentrum der Identität des Markenartikels ist, stellt die Wahl des Namens einen wesentlichen Schritt in der Produktgestaltung dar" (Fritz 1993: 75). P. Schifko sieht zwar einen Nutzen in der Verwendung von Fach- und Fremdwörtern, da sie zu einer genauen Bezeichnung beitragen, allerdings würden sie häufig nur „durch den Schein der Wissenschaftlichkeit beeindrucken" (Schifko 1982: 994). Der letzte Aspekt des sechsten Bereiches der subjektiven Anpreisung besteht in der Methode, konkrete Substantive durch abstrakte zu ersetzen. P. Schifko nennt das folgende Beispiel: „*XY schenkt die Jugend* [sic] statt *jugendliches Aussehen* [sic]" (ebd., 994). Er argumentiert, dass sich durch diesen Austausch „ein gewisser Absolutheitsanspruch ablesen läßt" (ebd., 994).

2.2. Das Werbebild und der Werbetext

> „Weniger Text und mehr Bild – weniger sachliche Information und mehr emotionale Anregung" (Hartmann 1992: 277).

Dieses Zitat stammt von W. Kroeber Riel, der auch als „Marketing-Papst" (ebd., 277) bezeichnet wird. Es fasst konzise seine Empfehlung für eine wirksame Werbung zusammen. Manchem Konsumenten wird diese „Formel" für wirksame Werbung sicher stören, da sie wissentlich von nüchternen Fakten ablässt, um bildlastig, emotional und vor allem unbewusst zu verführen. Allerdings soll dieses Zitat nicht den Eindruck vermitteln, dass der quantitative Anteil von Bild und Wort etwas über deren Gewichtung und Bedeutung aussagt. Eine gänzliche Reduzierung der Werbeanzeige auf eine Produktabbildung bleibt beispielsweise schwer vorstellbar, da laut N. Klüver „(...) fast jedes Bild (...) eines Textes zur Erklärung [bedarf]" (Klüver 2009: 11). Sie stellt fest, dass die Anzeigen, die nur Bilder ohne einen erläuternden Text aufweisen, hauptsächlich in der Parfüm-, Zigaretten- oder Modewerbung eingesetzt werden. Die britische Zigarettenmarke Silk Cut der Gallaher Group wagte 1983 ein radikales Experiment, indem sie ein Plakat veröffentlichte, das ein zerschlitztes, lilanes Seidenlaken zeigte und auf jegliche Wörter oder Erklärungen verzichtete.[32] Nach C. Hackley enthielt diese Werbung keine tiefere Bedeutung, mit Ausnahme der Visualisierung des Firmennamens. Für Kenner der Marke war dieses subtile Werbeplakat sehr reizvoll (vgl. Hackley 2005: 31). J. Gibbons formulierte den besonderen Reiz dieser Werbung wie folgt: "It was in the first instant a kind of riddle. That is to say, in order to decode it, you had to know that there was a brand of cigarettes called Silk Cut. The poster was the iconic representation of a missing name, like a rebus" (Gibbons 2005: 65). J. Gibbons erkennt in dem Bildmotiv allerdings auch eine klare sexuelle Anspielung auf das weibliche Geschlechtsorgan. Ob dies von der Gallaher Group intendiert war bleibt unklar, jedoch ist eine solche Interpretation nicht vollkommen abwegig. Interessant ist an dieser Stelle, dass nach M. Lindstrom diese Silk-Cut-Kampagne noch vor 1986 lanciert wurde, da ab diesem Jahr strengere Regeln für die Tabakwerbung in Großbritannien eingeführt wurden (vgl. Lindstrom 2009: 91).

Ein ähnliches Werbeexperiment unternahm der Industriekonzern E.ON in Deutschland im Jahr 2000. Werbeexperten platzierten in Fernsehspots und Anzeigen eine hellrote Fläche, bei der „[l]ediglich der Hinweis „Anzeige" [klarstellt] (...), dass es sich um keinen Druckfehler handelt" (Web 28). Der E.ON Sprecher J. Nelles erläutert die Strategie hinter diesen Werbeanzeigen: „Wir wollen die Aufmerksamkeit schrittweise wecken und uns auf dem Markt neu positionieren. (...) Rot strahlt Kraft, Wärme und Energie aus" (ebd.). Die Kampagne umfasste drei Phasen: In der ersten Phase wurden die rotflächigen Werbe-

---

32 Siehe Anhang, Anzeige 2, Seite 133.

anzeigen veröffentlicht. Die „Auflösungsphase“ (ebd.) wurde durch ein ebenfalls rotes Plakat mit dem Firmenlogo eingeleitet. In der letzten Phase wurden die Plakate mit Informationen zu dem Unternehmen E.ON vervollständigt. E.ON war zu diesem Zeitpunkt auf dem Energiemarkt noch weitgehend unbekannt und wollte mit dieser originellen Kampagne Aufmerksamkeit erregen, was dem Unternehmen auch gelang. Diese Kampagne barg allerdings auch einige Nachteile für E.ON: Diese aufwändige, drei Phasen umfassende Strategie kostete einen „zweistelligen Millionenbetrag“ (ebd.). Des Weiteren profitierte das Telekom-Unternehmen Talkline ebenfalls von der Kampagne, da es ein „ähnliches Rot im Logo führt“ (ebd.) und im Verdacht stand, der Urheber dieses rätselhaften „Kommunikations-Puzzle[s]“ (ebd.) zu sein. Trotz der Ambiguität dieser Kampagne hält V. Nickel, der Sprecher des Deutschen Werberates, sie für sinnvoll: „Es ist heute viel schwieriger geworden, in der Werbung Aufmerksamkeit zu erreichen. Daher macht es Sinn, eine Kampagne in mehreren Schritte [sic] zu fahren und so für anhaltende Aufmerksamkeit zu sorgen“ (ebd., 2). Er schätzte damals ein, dass solch „ungewöhnliche Werbeauftritte“ (ebd., 2) in Zukunft zunehmen werden.[33]

Diese oben stehenden Werbeexperimente verdeutlichen, wie reizvoll innovative Werbekonzepte sein können, zumal Bilder Informationen erheblicher schneller übermitteln können als Texte (vgl. Tschörner 2007: 59) und nach H. Stöckl „ikonische Bildzeichen nicht umkodiert werden müssen“ (Stöckl 1997: 104). Die Nachteile sind jedoch eklatant: Im Fall der Silk Cut-Zigaretten werden sich Neukunden durch diese Form der Werbung nicht gewinnen lassen, da die Kenntnis des Firmennamens eine Voraussetzung dafür ist, das Bild zu entschlüsseln. Der Verzicht auf jeglichen erläuternden Text bei beiden Kampagnen bietet einen breiten Interpretationsspielraum, der auch ungewollte Assoziationen oder Dekodierungsvarianten zulässt. Eine wirkliche Neuproduktpräsentation ist ohne Erläuterung undenkbar, sodass die E.ON-Kampagne nicht auf die dritte Phase hätte verzichten können. Zudem wird sich dieses Experiment in beiden Ländern kaum wiederholen lassen. Anzeigenwerbung ohne erläuternden Text ist demnach eine heikle Werbestrategie, die sich nie gegen die „klassische Werbe-

[33] Die Trends der Zukunft werden im Kapitel 6. Schlussbetrachtung, auf den Seiten 111-115 erläutert.

anzeige“ durchsetzen konnte. Der Werbetext ist bereits zu einem makrostrukturellen Kennzeichen und einer Konstante der Textsorte geworden, zu denen K. Tschörner noch den Produktnamen zählt (vgl. Tschörner 2007: 12). S. Bendel bezeichnet das Element des Fließtextes als eine Konstante der Anzeigenwerbung, der zu Beginn dieser Werbeform alle Informationen enthielt. Diese absolute Stellung als Informationsquelle besitzt er heute nicht mehr, sodass er auch entfallen kann (vgl. Bendel 1998: 105 nach Tschörner 2007: 12). N. Janich weist jedoch darauf hin, dass der Werbetext Glaubwürdigkeit vermitteln würde, selbst wenn er vom Empfänger nicht gelesen wird (vgl. Janich 2001: 48 nach Tschörner 2007: 12). N. Klüver bestätigt dies, indem sie feststellt, dass die Vermittlung eines Kaufimpulses durch Bilder allein kaum möglich ist (vgl. Klüver 2009: 11). Nach N. Klüver wird erst durch die Kombination von Bild und Text eine Werbung wirksam (ebd., 11), da nach T. Jung, S. Müller-Doohm und L. Voigt die „Bild- und Textbotschaft in einem engen Abhängigkeitsverhältnis [stehen] (…)“ (Jung 1992: 256).

R. Haubl stellt fest, dass das in der Anzeige verwendete Bild immer häufiger ein Standbild aus dem entsprechenden TV-Spot ist, womit ein Erinnerungseffekt beim Betrachter ausgelöst werden soll (vgl. Haubl 1992: 10). Er bemängelt diesbezüglich auch, dass Zeitschriften und Magazinen den Usus der Fernsehprogramme, Schleichwerbung und Sponsering geschickt in Beiträge zu integrieren, zum Vorbild nehmen würden, sodass zwischen manchen redaktionellen Beiträgen und Anzeigen fast nicht mehr zu unterscheiden ist: „Gelegentlich erkennt man nurmehr [sic] an der verschämt platzierten Markierung „Anzeige“, daß es sich um Werbung handelt“ (ebd., 10). T. Fritz bezeichnet solche Werbeformen wie Schleichwerbung und Sponsering als „nicht eigens gekennzeichnete Werbemittel (…), die ihre persuasive Strategie in der Koinzidenz zu Unterhaltung, Information oder Sportereignisse [verstecken]“ (Fritz 1993: 79). T. Jung, S. Müller-Doohm und L. Voigt unterstützen diese These, sodass sie konstatieren, dass die Komposition der Werbeanzeige nicht unmittelbar darauf verweisen würde, „daß es sich bei den präsentierten Bild-Textbotschaften um werbliche Botschaften handelt. Erst der Text, und sei es nur ein Produkt- oder Produzentenname, legt die Bild-Textbotschaft als werbliche Botschaft fest“ (Jung 1992: 254). Dies trifft sicher für Artikel begleitende Fotos und Werbebilder aus Hochglanzmagazinen zu, die sich in der Tat ästhetisch sehr ähneln. Im Laufe der Zeit hat sich jedoch ein gewisser Stil der Werbefotografie herausgebildet, der ein Produkt durch Ausleuchtung und Inszenierung übernatürlich präsentiert. Zwischen einem solchen Foto und einem Foto ohne digitale Nachbearbeitung würde sich das erstere leicht als typisches Werbefoto identifizieren lassen. Nach R. Haubl hat der Anteil an Bildlichkeit in Werbeanzeigen stetig zugenommen, sodass das Bild heute die Werbeanzeige dominiert. Er erläutert weiter, dass die Popularität des Bildes durch den Einzug der Fotografie in Illustrierten im 20. Jahrhundert geprägt wurde. Zeitungsbeiträge wurden durch Fotografien „authentifiziert" und aktueller, da eine schnellere Reproduktion möglich war im Gegensatz zur Reproduktion von Stichen (vgl. Haubl 1992: 26). R. Haubl erklärt den Reiz der Fotografie mit der Tatsache, dass der „ 'Leser' einer Illustrierten (...) zum Augenzeugen von Ereignissen [wird], die er ansonsten nicht zu sehen bekommen hätte" (ebd., 26).

P. Schifko stellt zudem fest, dass sich mit Bildern hervorragend die „positiven Eigenschaften von Produkten" hervorheben lassen, da sie aufgrund „ihres ikonischen Charakters als besonders objektiv und manipulationsunverdächtig [erscheinen]" (Schifko 1982: 988). Bei einem Werbebild sollte jedem erfahrenen Betrachter klar sein, dass das abgebildete Produkt in dieser Form nicht der Realität entspricht. Der Betrachter ist in diesem Moment der „Augenzeuge" einer Täuschung. Bereits beim Fotoshooting wird nichts unversucht gelassen, das Produkt mit allen erdenklichen Mitteln abzulichten. G. Lagneau beschreibt dies treffend in folgender Szene:

> „[Es] (blickt) ein fröhlich strahlendes Kind auf die Pommes frites, die es gerade essen will und die sich von seinem Teller in die Luft erheben. Für dieses Photo mußte man einen Teller zersägen, Pommes frites lackieren und auf eine Glasscheibe kleben usw., um dem Betrachter die 'Leichtigkeit' zu suggerieren, die sich beim Kochen mit diesem Produkt angeblich erzielen läßt" (Lagneau 1983: 172-173, nach Haubl 1992: 27).

Zudem dürfte kaum ein Werbebild ohne digitale Nachbearbeitung abgedruckt werden. Konsumenten, die sich von einer Werbung mit übertrieben retuschierten Fotos getäuscht fühlen, können jedoch gegen das jeweilige Unternehmen Beschwerde einreichen, dem in diesem Fall „unlauterer Wettbewerb" vorgeworfen wird. Irreführende Werbung ist in nach deutschem Recht durch das Gesetz § 5 UWG „Gesetz gegen den Unlauteren Wettbewerb“ verboten (Web 15). In Deutschland werden diesbezüglich Beschwerden beim Deutschen Werberat eingereicht, der „eine Institution der 41 im Zentralverband der deutschen Werbewirtschaft ZAW zusammengeschlossenen Organisationen der werbenden Unternehmen, Werbeagenturen und Medien [ist]“ (Web 57). Der Werberat rügt das entsprechende Unternehmen nach eingehender Prüfung öffentlich. Nach Rechtsanwalt S. Dramburg „(…) [hat die Rüge] zwar keine rechtliche Bindungswirkung, ist jedoch schlecht für das Image und somit nicht ohne Folgen für den Werbenden“ (Web 15). Dem Zentralverband der deutschen Werbewirtschaft zufolge, setzte sich „(…) der Werberat bei 96 Prozent seiner Beanstandungen [im Schnitt der vergangenen vier Jahrzehnte] durch: Die Unternehmen stellten die betroffene Werbung ein oder zeigten sich zur Korrektur bereit“ (Web 57). J. Busse, die Geschäftsführerin des Deutschen Werberats, bezeichnete die Funktion des Werberats als „gemeinschaftlich getragene Selbstkontrolleinrichtung“ (Web 58). Der Werberat verhing zuletzt im März 2014 öffentliche Rügen an drei Unternehmen, die laut Angaben des Zentralverbands der deutschen Werbewirtschaft mit „frauenfeindlicher Online- und Plakatwerbung“ Proteste in der Bevölkerung ausgelöst hatten. Die Rügen wurden verhangen, da die Unternehmen ihre Anzeigen nicht revidieren wollten (vgl. Web 57).

In Großbritannien wurden bislang mehrere Kampagnen von den Kosmetikfirmen L‘Oréal, Lancôme, Dior und Maybelline verboten, denen durch den Advertising Standard Authority (ASA), die britischen Werbeaufsicht, irreführende Werbung nachgewiesen werden konnte (vgl. Web 15). Dass es sich bei den „gerügten“ Unternehmen in Großbritannien ausschließlich um Kosmetikfirmen handelt, ist nicht weiter überraschend, da diese Branche ihre Produkte mit unnatürlich makellosen Bildern vermarktet. Es ist allerdings schwierig, diese exzessive Bildbearbeitung nur den Firmen anzulasten, da sie in ihren Werbeanzeigen die „Bild-Erwartungen“ (Haubl 1992: 28), Sehnsüchte und Träume ihrer Konsumenten widerspiegeln. Dasselbe gilt nach R. Karl für Werbetexte (vgl. Karl 2011: 63). Nach P. Schifko lassen sich mithilfe von Bildern „alle gewünschten Assoziationen und Projektionen durch indexikalische Beziehungen zwischen dem ausgewählten Bereich und dem Produkt herstellen“

(Schifko 1982: 988). Ein unbearbeitetes Produktfoto würde bei den Konsumenten mit Sicherheit keinen Anklang finden, da sie durch ihre Sehgewohnheiten geprägt sind.

Werber nutzen nicht nur ihre Kenntnisse über die Sehnsüchte und Träume der Konsumenten für ihre Kampagnen, sondern greifen auch auf kulturell tief verankerte, polyseme Bilder zurück. Einige Werbekampagnen erzielen über Jahre hinweg mit derselben bzw. leicht variierten Bildidee große Erfolge. W. Wells, J. Burnett und S. Moriarty bezeichnen diese „[s]ignificant images" als einen wichtigen Aspekt jeder Werbung (Wells 1989: 5). Sie nennen exemplarisch die Marlboro-Kampagne als eine Firma, die sich eines solchen unverwechselbaren Bildes bedient: "Perhaps the most successful image advertising of all time, however, is the Marlboro campaign, which has been running since 1955" (ebd., 5). Der Mythos des Cowboys ist ein starkes, eindringliches Bild. Nach M. Andree verwendet Marlboro nicht die Technik des Storytelling, also „(…) erzählt keine Geschichten, sondern breitet bildliche Assoziationsräume vom Leben des Marlboro-Cowboys aus" (Andree 2010: 80). M. Andree erkennt eine Analogie der Marken zu Mythen, sodass „immer wiederkehrende Attribute" schnell identifiziert und einer mythischen Gestalt zugeordnet werden können (vgl. ebd., 80). Er erläutert, dass „die Werbefiguren der Markenwelt" „(…) ähnlich stereotypisiert erscheinen (…): Der Marlboro-Mann mit den Insignien des Cowboys, die weiße Dame von Persil, (…) die blauäugig-blonde Frau Antje in holländischer Tracht mit Haube und Käse-Laib (…)" (ebd., 80f). Diese Werbetechnik bietet nach M. Andree einen entscheidenden Vorteil:

> „Wo im Mythos der schrecklich-numinose Charakter der Wirklichkeit in Figuren und Begriffe gefaßt wird (indem man etwa Gott Zeus als Ursache hinter den Blitzen ausmacht), werden in der Werbung neue, unvertraute Objekte in leicht decodierbaren Gestalten verfügbar und damit konsumierbar gemacht" (ebd., 81).

M. Andree stellt fest, dass Werber diese „aus dem Mythos entlehnt[en]" Figuren, die als „Träger der Handlung" (ebd., 81) fungieren, gebrauchen, da sie dadurch eine „Problemlösungsstruktur" (ebd., 82) gut darstellen können. Die Erfolgsgeschichte Apples ist ein exzellentes Beispiel für die persuasive Wirkung von Werbung, da nach M. Giesler, der an der Universität Witten/Herdecke Strategisches Marketing lehrt, die Produkte selbst technisch nicht überzeugen: „Die Apple-Produkte waren nie fantastisch. Beim iPod gab es immer Probleme mit der Batterie. Das hat kaum jemanden interessiert. Erst jetzt beim iPhone 4 führte eine Konstellation von Gründen dazu, dass es zu einem PR-Skandal wurde" (Web 54). M. Giesler erklärt den Erfolg von Apple – trotz der offenkundigen Produktschwächen – wie folgt:

> „In jedem Produkt von Apple steckt ein wenig der Geschichte dieser Marke. In den 1980er Jahren kämpfte Apple-Chef Steve Jobs gegen die „Diktatur des PC" [sic] und wiederholte diese Geschichte später noch mal mit dem iPod. Apple verkauft seinen Kunden nicht nur ein iPhone, sondern das Gefühl, an dieser Rebellion teilzunehmen. Es geht um ein mythologisches Versprechen „David gegen Goliath", auch wenn Apple in bestimmten Bereichen jetzt der Goliath ist" (ebd., 1).

Starke Bilder und Mythen können demnach einen wesentlichen Beitrag zum wirtschaftlichen Erfolg und Image eines Unternehmens beitragen.[34]

Ebenso wie die Werbeanzeigen „bildhafter" wurden, ist nach R. Haubl die Fachsprache der Werbung figurativ geworden. Dies lässt sich durch eine Untersuchung des „Gießener Anzeigers", in der Zeitungsausgaben von 1800 bis zur Gegenwart analysiert wurden, bestätigen. Ende der 1880er bis Anfang der 1890er Jahre fanden sich nach K.-H. Hohmeister vermehrt Illustrationen bei großformatigen Anzeigen, was sich um die Jahrhundertwende als „Trend" durchsetzte. Zeitgleich haben „Phrasen, Redensarten und Sprichwörter" die Anzeigensprache bereichert (vgl. Hohmeister 1981: 276, nach Haubl 1992: 25). R. Haubl fasst zusammen, dass [durch] all diese rhetorischen Maßnahmen [, einschließlich der Einführung des Frage- und Aufforderungssatzes,] (…) der emotiv-appellative Gestus [sic] entwickelt [wird], ohne den man sich Anzeigen heute überhaupt nicht mehr vorstellen kann" (Haubl 1992: 26). Erst „die spielerische Form der Texte" (Karl 2011: 68) macht nach R. Karl durch stilistische Mittel „(…) „normale" Texte zu Werbetexten" (ebd., 68), da die Werbetexte durch sie „unterhaltsamer wirken" (ebd., 68). Der Unterhaltungswert dieser Textsorte sollte jedoch nicht zur Annahme verleiten, dass es sich um simple Texte handelt.

34 P. Schifko nennt neben den Werbebildern auch die typographische Gestaltung und das Layout einer Werbeanzeige zu den „nichtsprachlichen optischen Systemen" (Schifko 1982: 988). Diese Systeme variieren jedoch je nach Werbeanzeige stark, sodass sich kein allgemeiner Typus herausgebildet hat, der an dieser Stelle zu charakterisieren wäre.

Der Werbetext ist *per definitionem* nach N. Klüver „jede schriftliche oder mündliche Botschaft, die das Ziel hat, auf das Verhalten des Empfängers einzuwirken“ (Klüver 2009: 10). Diese Definition trifft sicherlich auf Werbetexte zu, allerdings ist einzuwenden, dass z.B. in der politischen Propaganda oder in der Kindererziehung ebenfalls mithilfe von schriftlichen oder mündlichen Botschaften auf das Verhalten des Empfängers einzuwirken versucht wird. Nach H. Stöckl sind Werbetexte zwar die Prototypen persuasiver Texte, allerdings findet sich auch Persuasives in anderen Textsorten wie „in Texten journalistischer Natur“ (Stöckl 1997: 80). Er führt fort, dass diesen Textsorten gemeinsam ist, dass sie „(...) auf einem asymmetrischen Macht-, Status- und Autoritäts-Differential [basieren], das interpersonelle Einflußnahme möglich macht“ (ebd., 88). R. Karl expliziert Werbetexte als eine „Mischform der Sprachwissenschaft und des Marketings“ (Karl 2011: 66), die aus den drei Fachbereichen Betriebswirtschaftslehre, Psychologie und Sprachwissenschaften resultieren. Sie führt fort, dass „Zusatzkenntnisse über einen separaten Fachbereich aus eigener Berufserfahrung“ (ebd., 66), wie z.B. „technisches Verständnis für bestimmte Maschinen oder Luxus-Autos, um Werbetexte für Industriegüter und Prestigegüter glaubwürdig schreiben zu können“ (ebd., 66), Werbetexte authentischer wirken lassen. W. Wells, J. Burnett und S. Moriarty zufolge sollte ein Werber allerdings nicht über einen eigenen, unverwechselbaren Schreibstil verfügen, da der Stil immer der Werbebotschaft angepasst werden muss (vgl. Wells 1989: 341). Nach R. Karl müssen „Werbetexte (...) in sich harmonisch sein (...)“ (Karl 2011: 70).

M. Snell-Hornby, H. G. Hönig, P. Kußmaul und P. A. Schmitt weisen jedoch darauf hin, dass „(...) Werbetexte keinesfalls einen homogenen Texttyp [bilden], denn die Werbeindustrie bedient sich sämtlicher textueller und sprachlicher Mittel wie Rhetorik, Intertexualität, Prosodie, Wortspiel, Metapher usw., um die Werbebotschaft erfolgreich zu vermitteln“ (Snell-Hornby 1999: 238). Atypische Textsorten können auch als Werbetext vorkommen, wie beispielsweise ein Bericht oder eine Erzählung. In diesem Fall könnte die konative Absicht nicht sofort erkannt werden (vgl. ebd., 238). Da Werbebilder und Werbetexte mit Ausnahmen einiger, bereits genannter experimenteller Versuche nicht isoliert auftreten, entsteht zwischen diesen verbalen und nonverbalen Elementen zwangläufig eine Relation. L. Vogt fasst die vier Grundtypen der Bild-Text-

Relation zusammen: Werbebild und Werbetext können sich in ihrer Aussage bestätigen oder dementieren. Sie können scheinbar „unverbunden nebeneinander stehen" oder komplementär zueinander sein (Vogt 1992: 169). L. Vogt wendet jedoch ein, dass das Werbebild und der Werbetext häufig erst in der Kombination Sinn ergeben würden (ebd., 169).

2.3 Die Merkmale gelungener Slogans

„Consumo ergo sum" (Hartmann 1992: 267).

Dieses Zitat H. Hartmanns enthält, auch wenn dies nicht von ihm intendiert wurde, bereits einige Elemente eines gelungenen Slogans. Erfolgreiche Slogans werden von vielen Firmen über Jahre nicht verändert, da sie „untrennbar" zum Image einer Firma gehören. Die Sparkasse wirbt beispielsweise seit 1963 mit ihrem Slogan „Wenn's ums Geld geht…. Sparkasse" (Web 46).

H. Hartmanns Zitat wäre als Slogan sicher nicht so erfolgreich wie der Sparkassenslogan, da es nur in einem restriktiven Kontext eine positive Wirkung erzielen würde. Es ist jedoch wie ein guter Slogan konzise, melodisch und einprägsam. Da es eine Anspielung auf I. Kants „cogito ergo sum" (Ich denke, also bin ich.) ist, dessen Kenntnis essentiell für das Verständnis ist, liegt darin auch der Mangel dieses „potentiellen Slogans": Da er auf Latein verfasst wurde könnte es sein, dass er einem großen Teil der Zielgruppe nicht verständlich ist bzw. dass die Zielgruppe die geschichtlichen Zusammenhänge des ursprünglichen Zitats möglicherweise nicht kennt. S. Feige betont diesbezüglich, dass Werbeexperten zufolge „(…) der Abnutzungseffekt bei intellektuell anspruchsvoller Werbung größer ist. Dies hätte zur Folge, dass solche Kampagnen öfter variiert werden müssen" (Web 23). Er führt fort, dass es aufgrund der Heterogenität innerhalb der Zielgruppe nie einen perfekten, doppeldeutigen Werbeslogan geben kann, der dem intellektuellen Niveau aller entspricht, allerdings finden sich doppeldeutige Werbeslogans überwiegend in Printmedien, die eine überdurchschnittlich gebildete Leserschaft ansprechen, wie. z.B. in Wirtschaftszeitungen. Dabei treten nach S. Feige vor allem drei Typen der Doppeldeutigkeit in Werbeslogans auf: Mehrdeutige Wörter werden häufig eingesetzt, wohingegen Redensarten schon seltener in abgewandelter Form verwendet werden. Wortspiele mit Eigennamen finden sich nur selten in Werbeslogans. Doppeldeutige Werbeslogans können sich aber durch ihre Andersartigkeit positiv auf die Erinnerungsfähigkeit auswirken (vgl. ebd., 2). Der Reiz einer doppeldeutigen Werbung besteht nach H. Stöckl darin, dass der Rezipient während der Dekodierung ein „intellektuelles Vergnügen" empfindet (Stöckl 1997: 75).

Werber arbeiten zudem mit religiösen und vor allem sexuellen Anspielungen und Doppeldeutigkeiten in ihren Werbekampagnen. Besonders hinsichtlich des letztgenannten Punktes deuten laut A. Anwar neuere Studien darauf hin, dass die alte Werbeweisheit „Sex sells" nicht mehr uneingeschränkt wirkt. Studien in Schweden und in Großbritannien zeigen, dass Werbung mit sexuellen Anspielungen von jugendlichen Probanden negativ bewertet wurde. Dies könnte möglicherweise an der Emanzipation oder an einer gewissen Abstumpfung gegenüber solchen Anspielungen liegen (vgl. Web 2). A. O' Keefe Wright, die Studienleiterin der britischen Studie, stellt diesbezüglich fest: „In früheren Zeiten konnten Marken sexuelle Motive als zentrales Instrument verwenden, um Aufmerksamkeit zu erregen. (...) Heutzutage sind subtilere Hinweise und Anregungen viel kraftvoller" (vgl. ebd., 3).[35]

Für die richtige Einschätzung der Zielgruppe ist das von G. Schulze entwickelte „Alltagsästhetische Schemata im 21. Jahrhundert"[36] hilfreich. Diese Schemata sollen nach G. Schulze als dreidimensionaler Raum verstanden werden, „in dem sich jeder durch Affinität oder Distanz zu jeder Dimension verorten lässt" (vgl. Schulze 1993: 157, nach Tschörner 2007: 42). Von der dem Hochkulturschema zugewandten Zielgruppe würde demzufolge H. Hartmanns verfremdetes Zitat wahrscheinlich verstanden werden. H. Hartmann unterscheidet in seinem Modell[37] hinsichtlich des Werbungsverständnisses zwischen vier Fällen des „gemeinsamen Wissens", die zwischen dem Werbeanzeigendesigner und dem Interpreten bestehen können: Im ersten Fall verwendet der Designer ein Bild- oder Textzitat, dass er verfremdet oder lediglich zitiert hat, das dem Interpret aber vertraut ist. Beide Akteure verfügen also über gemeinsames Wissen, sodass die Botschaft beim Empfänger richtig verstanden wird. Generell wä-

---

[35] Besonders tückisch sind in diesem Zusammenhang ungewollte Anspielungen, wie das Beispiel der Fußballeditionsverpackung auf den Seiten 24f verdeutlicht

[36] Siehe Anhang 4, Seite 133.

[37] Siehe Anhang 5, Seite 134.

re das der bestmögliche Fall. Im zweiten Fall kennt der Interpret das Ursprungszitat oder das „Vor-Bild" (Hartmann 1992: 280) nicht, sodass er die Anspielung oder den Witz nicht verstehen wird. In diesem Fall würde noch die Chance bestehen, dass der Interpret neugierig geworden ist, was sich hinter der Botschaft verbirgt und durch Recherche das nötige Wissen erwirbt. Bei den „(….) 3000 Werbebotschaften, denen die Kunden täglich ausgesetzt sind" (Schleier 2012: 21f), wird dies wahrscheinlich nicht der Regelfall sein. Im Durchschnitt wird für die Apperzeption einer Werbeanzeige nur zwei Sekunden aufgewendet, obwohl eine hinreichende Analyse der Anzeige zumindest 35-40 Sekunden benötigen würde (vgl. Hartmann 1992: 281). Der Betrachter müsste schon aus persönlichen Gründen sehr neugierig geworden sein, um sich – selbst in Zeiten des mobilen Internetzugangs – die Mühe einer Recherche zu machen. Der dritte Fall geht nach H. Hartmann davon aus, „daß der Designer bei seiner Arbeit das kulturelle Gedächtnis anzapft, also etwa historisch tradierte Bildtopoi und Sprachmuster nutzt, ohne daß ihm das selbst bewußt wird (…)" (ebd., 280). Nach H. Hartmann würde der Designer oder Texter in diesem Fall entweder ignorant sein und/oder „einer Selbsttäuschung über seine Phantasien und Motivationen" (ebd., 280) unterliegen. Der Interpret könnte allerdings die Botschaft durch sein Hintergrundwissen verstehen. Der letzte Fall ist der denkbar schlechteste für beide Akteure: Beide besitzen kein gemeinsames Wissen über die kontextuelle Grundlage und Wirkungsweise einer Werbeanzeige, sodass sie „zumindest zu einem bestimmten historischen Zeitpunkt [beiden] verschlossen bleibt" (Hartmann 1992: 281).

Die Verständlichkeit eines Fachtextes ist durch spezifische Vertextungsstrategien förderbar, wodurch die Effizienz der Informationsübermittlung gesteigert werden kann. Vertextungsstrategien sind interkulturell unterschiedlich, sodass z.B. nicht nur die Einflussfaktoren der Finanzierung, der Zielgruppe, des Unternehmensimages auf eine Werbekonzeption einwirken, sondern in gleichem Maße die Werte und die Mentalität eines Landes, die sich z.B. aus dem allgemeinen Konsumverhalten erschließen lässt. Wie bereits auf Seite 18 hingewiesen wurde, zählen die an Endkonsumenten gerichteten Werbeanzeigen des Korpus aufgrund des geringen Grades an Fachlichkeit nicht zu den Fachtexten. Der Mehr-Ebenen-Zugang nach K.-D. Baumann ist inhaltlich jedoch zu großen Teilen für

Werbeanzeigen relevant und gültig. Das Modell umfasst acht Verständlichkeitsdimensionen: Die erste Dimension wird als „die interkulturelle Verständlichkeitsdimension" bezeichnet und beschreibt den „(...) Einfluß der kulturellen Kenntnissysteme auf die Fachtextrezeption" (Baumann 1995: 119). So konnte in Untersuchungen beispielsweise festgestellt werden, dass „(...) [i]n den französischen Fachtexten [...] die Rezipienten in stärkerem Maße durch Fragen aktiviert [werden] als in deutschen Texten" (ebd., 119). Manche „einzelsprachliche Textmerkmale" sind demnach spezifischer für bestimmte Kulturen als andere Kulturen, sodass „(...) die Textverständlichkeit kulturell determiniert ist" (ebd., 119). „Die soziale Verständlichkeitsdimension" ist die zweite Dimension des Modells und behandelt „(...) die gesellschaftlich bedingten Unterschiede in den Subjektvoraussetzungen für die Rezeption von Texten" (ebd., 120). Zu den Subjektvoraussetzungen zählen z.B. der individuellen Platz in der Gesellschaft, die jeweiligen Lebensbedingungen und die individuellen Erfahrungen (vgl. ebd., 120). Dieses Vorwissen ist zudem bedeutsam für den Prozess, der als „hermeneutischer Zirkel" bekannt ist, wie H.-G. Gadamer erläutert:

> „Die hermeneutische Regel, daß man das Ganze aus dem Einzelnen und das Einzelne aus dem Ganzen verstehen müsse, stammt aus der antiken Rhetorik und ist durch die neuzeitliche Hermeneutik von der Redekunst auf die Kunst des Verstehens übertragen worden. Es ist ein zirkelhaftes Verhältnis, das hier wie dort vorliegt. Die Antizipation von Sinn, in der das Ganze gemeint ist, kommt dadurch zu explizitem Verständnis, daß die Teile, die sich vom Ganzen her bestimmen, ihrerseits auch dieses Ganze bestimmen" (Gadamer 1993: 57).

Zusammengefasst bedeutet dies, dass das Einzelne erst dann verstanden wird, wenn die Voraussetzung des Textverständnisses des Ganzen gegeben ist. Dieser kognitive Verstehensprozess wird, verkürzt dargestellt, durch eine erste Vermutung über den Textsinn eingeleitet, die nach einer eingehenden Auseinandersetzung mit dem Text ggf. revidiert wird. K.-D. Baumann erläutert, dass der Rezipient „die unvollständige Informationsstruktur eines (Fach-) Textes mit seinem Vorwissen bzw. Kontextwissen [ergänzt]" (Baumann 1995: 118). Das Ergebnis dieses Prozesses ist „eine vorläufige Interpretationsvariante", die veränderbar bleibt (ebd., 118). Als dritte Dimension des Modells von K.-D. Baumann, „die kognitive Verständlichkeitsdimension", wendet sich der kognitiven Strukturierung des Fachtextinhaltes zu, in der die gedankliche Leistung des Textproduzenten erkennbar wird. So werden bestimmte Kompositionsprinzipien bewusst genutzt, um die Verständlichkeit zu fördern, wie z.B. das Prinzip von Ursache und Wirkung. Ferner zählen die fünf Komplexverfahren der „Deskription, Narration, Exposition, Argumentation und Instruktion" zu dieser Dimension (vgl. ebd. 118). Die vierte Dimension der „inhaltlich-gegenständliche[n] Verständlichkeitsdimension" umfasst nach L. Hoffmann „Inferenzleistungen", d.h. „die Verknüpfung eines aktuellen Informationsangebotes mit dem Vorwissen der Rezipienten", sowie „verinnerlichtes Wissen (…) bzw. [stellt] das Ergebnis von kognitiven Verarbeitungsprozessen fachspezifische Kenntnissysteme [dar]" (ebd., 121). Fachspezifisches Wissen bzw. Fachkompetenz ist zudem für die Fachtextproduktion und – rezeption entscheidend (vgl. ebd., 121). „Die funktionale Verständlichkeitsdimension" ist die fünfte Dimension und befasst sich damit, „(…) den Austausch von Gedanken, Ideen, Informationen und Abbildern zu sichern bzw. die Ergebnisse der psychischen Widerspiegelung von einem zum anderen Kommunikationspartner möglichst optimal weiterzuleiten" (ebd., 121). Die Fachtextrezeption kann dabei mittels „bestimmte[r] Orientierungshilfen" vereinfacht werden, zu denen metakommunikative Verfahren zählen. K.- D. Baumann nennt diesbezüglich drei verschiedene Typen metakommunikativer Verfahren: Der erste Typ umfasst metakommunikative Verfahren „zur kontextspezifischen Rezeption des Fachtextes". Beispiele für solche Verfahren wären die Begriffserläuterung sowie die Nennung von Definitionen. Der zweite Typ behandelt metakommunikative Verfahren „zur Sicherung der semantischen Fachtextrezeption". Zu diesem Typ zählen beispielsweise „[das] Anführen von Beleg- und Illustrationsmaterial" oder „[die] Verwendung von Bildtext" (ebd., 121). Bei dem letzten Typ werden metakommunikative Verfahren genutzt, um die Fachtextrezeption zu steuern. Hierzu zählen Aufgaben und die „Formulierung von Schlußfolgerungen". K.-D. Baumann fasst seine Analyseergebnisse hinsichtlich metakommunikativer Textelemente wie folgt zusammen: „Je höher der Anteil an Metakommunikation, desto verständlicher ist der Fachtext" (ebd., 122). „Die textstrukturelle Verständlichkeitsdimension" bezeichnet die sechste Dimension. So wurde in Fachtextanalysen festgestellt, dass „[s]trukturelle Eigenschaften des Textes" sowie „die textuelle Ebene" Einfluss auf die „Effektivität des Dekodierungsprozesses“ nehmen. Unter der „textuellen Ebene“ wird „(...) das Wissen des Senders/Empfängers über die jeweilige Makrostruktur des Textes/der Textsorte“ verstanden (ebd., 122). Da weniger Abweichungen zwischen Teiltext und Absatz „als textstrukturelle Orientierungshilfen“ (ebd., 123) die Rezeption fördern, verwundert es nicht, dass dies ein Kennzeichen populärwissenschaftlicher Zeitschriftenartikel ist (ebd., 123). Die siebte Dimension der „stilistischen Verständlichkeit“ zeigt die „Besonderheiten des im Fachtext vermittelten individuellen Widerspiegelungsprozesses“ auf. Ferner werden in dieser Dimension Hinweise auf „(...) das Wissen des widerspiegelnden Subjekts, seine Interessen am außersprachlichen Objekt sowie das Fachlichkeitsniveau der Darstellung“ gegeben. Der Sender wählt diesbezüglich „Rezeptionsanreize“ aus, die „verständlichkeits- und erkenntnisfördernde Funktionen erfüllen“ (ebd., 124). Eine vermutete Asymmetrie des Wissenstands zwischen Sender und Empfänger kann z.B. mithilfe von „emotional gefärbte[r] und phantasieanregende[r] Stilelemente“ aufgefangen werden. Zu solchen Stilelementen zählen beispielweise der „bildhafte[...] Vergleich, Metapher, Personifizierung“. Des Weiteren können u.a. „visuelle[...] Kodes bzw. (...) ansprechende[...] Layouts“, „(...) das Wechselspiel von Allgemeinem und Besonderem“, gezielt eingesetzte „Nachdenkpausen“ und Wiederholungen die Rezeption des Empfängers fördern. Für die letzte Dimension der „semantischen Verständlichkeit“ steht „(...) die Abstimmung des begrifflichen Wissens der Kommunikationspartner“ und somit die Terminologie des Fachtextes im Zentrum. Dabei zeigte sich, „(...) daß die Verständlichkeit des Textes für einen fachlich interessierten Rezipienten umso niedriger ist, je höher der Anteil der Termini am lexikalischen Gesamtbestand des Textes ist“ und „(...) daß die Verständlichkeit des Textes mit der Anzahl der in den Text einbezogenen Einzelwissenschaften schwieriger wird“ (ebd, 124).

Im Hinblick auf Werbetexte wird klar, dass nicht alle diese Dimensionen mit gleicher Signifikanz zu finden sind. So werden Definitionen, wie in den „metakommunikativen Verfahren zur kontextspezifischen Rezeption des Fachtextes“ (ebd., 121) der fünften Dimension, in Werbetexten selten aufgeführt. Die Werbesprache nutzt zudem Stilmittel nicht nur zur Verständlichkeits- und Erkenntnisförderung. Die Stilmittel sollen primär unterhaltsam sein, die Aufmerksamkeit der Empfänger wecken und folglich in Erinnerung bleiben. Termini aus den verschiedensten Disziplinen können in Werbeanzeigen auftreten, allerdings fällt die Frequenz im Gegensatz zu Fachtexten erheblich niedriger aus. Dieses Modell von K.-D. Baumann verdeutlicht, wie komplex das Phänomen der Verständlichkeit und der Fachtextverarbeitung ist. Die Analyseergebnisse aus integrativen Fachtextuntersuchungen helfen dabei, den Informationstransfer – auch bei Werbeanzeigen – zu optimieren.

Neben der Schwierigkeit abzuschätzen, ob ein solches Zitat („consumo ergo sum") einer bestimmten Zielgruppe verständlich ist, äußert H. Hartmann darin harsche Konsumkritik, was für Werbung sogar kontraproduktiv wäre. Kritik im Allgemeinen wird in der Werbung kaum oder nur zu Gunsten der Firma geübt, wie beispielsweise bei der seit 2005 von der Kosmetikfirma Dove ins Leben gerufenen „Initiative für wahre Schönheit". Dove positioniert sich mittels dieser Initiative als ein Unternehmen, das Frauen aller Konfektionsgrößen schätzt, mit seinen Werbekampagnen zu einem verbesserten Selbstwert- und Körpergefühl seiner Konsumentinnen beitragen will und gleichzeitig Kritik am gängigen Schönheitsideal übt (vgl. Web 14). Es sollte aber nicht vergessen werden, dass hinter diesen hohen Unternehmenszielen natürlich primär wirtschaftliche Interessen stehen. Die Werbung soll generell positive Emotionen in den Konsumenten wecken und kann gesellschaftliche Werte vermitteln.[38]

R. Karl schränkt jedoch ein, dass gelegentlich eine Werbeanzeige auch drastischer, „(...) aber nicht an der Grenze zur Geschmackslosigkeit", ausfallen kann. Plumpe oder krasse Verkaufsförderung wirkt nach R. Karl nicht (vgl. Karl 2011: 68). M. Danesi stellt klar, dass Werbung bei bestimmten Produkten bewusst auf die Ängste der Kunden eingeht oder diese hervorruft, wie z.B. bei Versicherungen, Kosmetika oder Vitamintabletten (vgl. Danesi 2008: 30). R. Karl bemängelt, dass „[p]ositive Gefühle wie Freude, Begeisterung, Verständnis (...) [und] Mitgefühl" (Karl 2011: 64) von den Werber „oft als Motor zur Kaufentscheidung unterschätzt [werden]" (ebd., 64). Die Amerikaner W. Wells,

[38] Des Weiteren kann Werbung auch stereotype Werte vermitteln. I. Piller stellte fest, dass aus deutscher Sicht vor allem das Französische und Italienische mit stereotypen Werten in Verbindung gebracht werden. Französisch wird häufig verwendet, um Eleganz und Erotik zu unterstreichen, wohingegen mit Italienisch Lebensfreude und Genuss vermittelt wird. Diese Werte finden sich besonders in der Werbung wieder und unterstützen bei den entsprechenden Produkten die Werbebotschaft (vgl. Piller 2001: 169f).

J. Burnett und S. Moriarty stellten diesbezüglich schon 1989 fest: "Children, cats and puppy dogs are lovable and give a product warm associations" (Wells 1989: 5). Der Kommunikationswissenschaftler A. Dammler, „geschäftsführender Gesellschafter des auf Kinder und Jugend spezialisierten Markt- und Meinungsforschungsinstituts Iconkids & Youth in München" (Tagesspiegel 2007: 1), fasst dies lakonisch zusammen: „Kleine Tiere und Kinder ziehen immer (...). Kinder sind generell ein emotionaler Türöffner – auch für Erwachsene: Wenn sie nett und süß daherkommen, geht das direkt ins Herz" (Web 50).

Wie das einleitende Zitat in den vorangegangenen Überlegungen exemplarisch zeigen konnte, ist das Konzipieren eines Slogans alles andere als einfach, sodass neben der ansprechenden Form auch weitere Nebenaspekte beachtet werden müssen. Trotzdem könnte eine Werbekampagne mit H. Hartmanns Zitat als Slogan erfolgreich sein: Eine gemeinnützige Organisation wie „Brot für die Welt" könnte beispielsweise dieses Zitat neben einem Bild exzessiver Verschwendungslust, wie z.B. einen riesigen Lebensmittelberg, platzieren. Ein erläuternder Werbetext, der den Zusammenhang zwischen Slogan und Bild präzisiert und ggf. mit Fakten stützt, wäre an dieser Stelle sicher sinnvoll. Ein Werbetext ist nach N. Klüver zusammengefasst eine Botschaft, „die Informationen vermitteln und eine Handlung auslösen soll", was ihn von anderen Textsorten wie journalistischen Reportagen oder Gedichten unterscheidet (Klüver 2009: 10). Dass manche Firmen auf solche Erläuterungen verzichten und damit die Maxime, dass Werbesprache immer verständlich sein sollte, da ansonsten die Gefahr besteht, dass sie miss- oder unverständlich ist (vgl. Klüver 2009: 12), missachtet, zeigt die folgende Kampagne: Ein Paradebeispiel für einen missverständlichen und damit misslungenen Werbeslogan war der von der Parfümeriekette Douglas verwendete Slogan „Come in and find out", der ca. um 1996 lanciert wurde (vgl. Web 45). Er wurde in der Diplomarbeit der Dortmunder Statistikerin I. Kick untersucht, die mittels einer Art „Lügendetektor" den Hautwiderstand von 24 Probanden gemessen hat, denen englische und deutsche Werbeslogans vorgespielt wurden. Alle untersuchten Werbeslogans waren 2003 in der deutschen Werbung präsent und den Probanden bekannt. Ihr Ergebnis war eindeutig: Eine emotionale Bindung erfolgte bei den englischen Slogans nicht. I. Kick vermutete, dass Verständigungsprobleme die Hauptursache dieser ausbleibenden Emotionalität sind, wobei sie sich in ihrer These auf eine 2003 von der Beratungsfirme Endmark AG durchgeführte, repräsentative Studie stützt. Die Endmark AG entwickelt selbst Produktnamen und Slogans, die z.T. auch auf Englisch verfasst sind, weshalb sie im eigenen Interesse ermitteln wollte, ob die „englischen Satzfetzen überhaupt verstanden werden“ (Web 20). Ihre Studie belegt, dass „weniger als die Hälfte der Deutschen englische Werbung richtig übersetzen können“ (Web 31). So übersetzten ein Drittel der 14- und 49-jährigen Probanden den „Claim“ der Firma Douglas mit „Komm rein und finde wieder heraus“, was diametral zur gewünschten Werbebotschaft ist. B. Samland, Gründer und geschäftsführender Gesellschafter der Endmark AG (vgl. Web 18) kommentierte den Slogan „Come in and find out“ sinngemäß wie folgt: Wenn ein Drittel der Probanden den Slogan mit „Komm rein und finde wieder raus“ übersetzt, dann positioniert sich das Unternehmen als ein Ort mit guten Wegen und großen Notausgängen, wohingegen es in Wahrheit ausdrücken möchte, dass es sich um einen Ort handelt, bei dem man sich ausprobieren und etwas entdecken kann (vgl. Web 20). Allerdings würden englische Werbeslogans, auch wenn sie falsch verstanden werden, Aufmerksamkeit erregen (vgl. Web 31). Junge Männer und Frauen ohne Abitur und damit vermutlich mit weniger versierten Englischsprachkenntnissen, reagierten sogar „doppelt so heftig auf die deutschen Sprüche“ (ebd.). An der Untersuchung von I. Kick bleibt jedoch nach J. Leffers zu bemängeln, „dass der Hautwiderstand allein noch nicht die Richtung einer Reaktion zeigt: „Ob die Leute sich ärgern oder freuen, darüber kann ein Messgerät nichts aussagen“ (ebd.). Die Studie scheint allerdings nur kurzfristig eine Wirkung auf die Parfümerie Douglas GmbH erzielt zu haben: Nachdem der Werbeslogans 2004 in „Douglas macht das Leben schöner“ geändert wurde, gingen die Werber 2013 mit „Your partner in beauty“ wieder zu einem englischen Slogan über (vgl. Web 45).

Es gibt einige Gründe, die die insbesondere deutsche Vorliebe der Produktvermarktung mit englischen Slogans erklären könnte: Englisch dient in Marketingunternehmen häufig als Fach- und Umgangssprache. Der tägliche Fremdsprachgebrauch führt dazu, dass die Sensibilität gegenüber der Sprachbarriere und Sprachrealität ihrer Zielgruppen abnimmt, da die eigenen Slogans als unmissverständlich wahrgenommen werden (vgl. Web 20). Die missglückte Douglas-Kampagne von 1996 ist jedoch bei Weitem kein Einzelfall, wie die Studie der Endmark AG belegen konnte.[39] Trotz dieser sprachlichen Verwirrung wünschen sich viele Unternehmen englische Slogans, was schließlich zu einem Nachahmungseffekt selbst kleinerer Firmen führt, wie B. Samland feststellen konnte:

> „Bei unserer Arbeit stellt sich immer wieder die Frage nach der Sprache. Häufig wollen sich auch mittelständischer Unternehmen an den Großen orientieren, indem sie bewusst einen englischen Claim wünschen (...)" (Web 17).

Professor P. Weinberg vom Institut für Konsum- und Verhaltensforschung der Universität des Saarlandes findet noch weitere „Vorzüge" des Englischen: Englisch gilt als modern, fortschrittlich und jugendlich. Manche Kurzfassungen im Englischen können in dieser Form im Deutschen schlecht ausgedrückt werden bzw. klingen in der Übersetzung nicht rund (vgl. Web 20). B. Samlands sieht den Nutzen englischer Claims im Anschluss der von ihm in Auftrag gegebenen Studie ambivalent:

> „(...) Es bleibt aber zu vermuten, dass einige Unternehmen nicht wegen, sondern trotz ihrer englischen Claims in Deutschland Erfolg haben. Generell gilt es zu unterscheiden, ob "Simple English" wie etwa "Test the West" oder "sophisticated English" [sic] mit seltenen Vokabeln wie "utilities" oder mit Wortspielen, die nur ein guter Kenner der Sprache versteht, zum Einsatz kommt. Bei bestimmten Zielgruppen kann die englische Sprache durchaus Sinn machen, wie etwa im Umfeld von Trendsportarten, deren Fachsprache ohnehin Englisch ist. Auch ist es eher verständlich, wenn eine Fluggesellschaft sich der internationalen Fliegersprache Englisch bedient, als wenn ein Lokalradio dies tut. Bemerkenswert ist allerdings, dass einige deutsche Unternehmen in Frankreich französisch [sic], in Spanien spanisch [sic]- aber in Deutschland englisch [sic] werben" (Web 17).

B. Samland erklärt diese typisch deutsche Eigenart durch die große Akzeptanz des Englischen in Deutschland einerseits (die in anderen Kulturen nicht so stark ausgeprägt ist), sowie mit dem Wunsch als internationales Unternehmen wahrgenommen zu werden andererseits (vgl. Web 20). Überraschenderweise wählte die Volkswagen AG einen ganz anderen Weg und setzt nun seinen Slogan „Das Auto" sogar weltweit ein, da davon auszugehen ist, dass diese deutschen Wörter

---

39 Siehe Anhang 6, Seite 134.

mit Sicherheit überall verstanden werden.[40] Diese in Deutschland gern genutzte Methode durch „fremdsprachliche" Begriffe und Slogans in der Muttersprache Aufmerksamkeit zu erregen, lässt sich also auch in andere Sprachen übertragen, wenngleich in eingeschränkterem Maße. Durch die weltweite „Dominanz" des Englischen als lingua franca bietet dies natürlich einen größeren Handlungsspielraum für die Werber (vgl. Web 19). Bei den älteren Bevölkerungsgruppen beobachtet R. Karl die Tendenz, dass ihnen durch viele Anglizismen und Fremdwörter die Kauflust genommen wird (vgl. Karl 2011: 31). Dies ist besonders ungünstig, da sie als finanzstarke und qualitätsbewusste Zielgruppe für Werber interessant sind (ebd., 31). R. Karl rät generell dazu, Werbung so zu gestalten, „dass sie von möglichst vielen Menschen verstanden wird – sonst geht die werbende Wirkung verloren" (ebd., 31). Eine Ausnahme dazu stellt „fachspezifische[...] Werbung in Fachblättern" (ebd., 31) dar, die bewusst von dieser Regel abweicht. Einen wirklichen „Kultstatus" erlangt eine Marke zudem erst, wenn ihre Slogans – unabhängig von dem beworbenen Produkt – in Alltagsgesprächen auftauchen, wie z.B. die geflügelte Worte „Nicht immer, aber immer öfter" des Clausthaler alkoholfreien Biers oder „Nichts ist unmöglich" des japanischen Automobilherstellers Toyota. Solche Slogans sind sehr häufig auf Deutsch, da sie sich so besser in der Alltagssprache integrieren und verankern. Eine Marke wird durch Slogans dieser Art omnipräsent. N. Janich stellt in diesem Zusammenhang fest, dass die Wirtschaft einen Slogan, der als geflügeltes Wort in die Alltagssprache eingegangen ist, jedoch nur schätzen würden, „(...) wenn der Produktbezug nicht verloren ginge (was er jedoch in der Regel tut)" (Janich 2000: 270).

[40] M. Snell-Hornby, H. G. Hönig, P. Kußmaul und P. A. Schmitt bezeichnen diese Strategie als typisch für Exportwerbung, sodass „ (...) [Werbefachleute] sich der positiven Assoziationen des Ursprungslandes und dessen Kultur (...) [bedienen]" (Snell-Hornby 1999: 240). Aus diesem Grund würde das Logo, der Slogan und ggf. die Überschrift nicht für die Zielkultur übersetzt werden, wenngleich ein erläuternder Text in der jeweiligen Zielsprache die Werbung komplettieren kann (vgl. ebd., 240).

2.4 Die kommunikative Wahrnehmung der Werbung

> „Dabei sind sich alle Werbeforscher einig: 95 Prozent der Werbekontakte finden in Momenten statt, in denen der Kunde gerade kein Interesse am Produkt oder keine Zeit für die intensive Betrachtung der Werbung hat“
> (Schleier 2012: 22).

Dieses Zitat C. Schleiers illustriert die besondere Herausforderung der Werbeexperten, potentiellen Kunden mit ihren Werbebotschaften zu erreichen. Trotz neurowissenschaftlicher Untersuchungen und Experimenten zur subliminalen Werbung[41] lassen sich Konsumenten und der Markt selbst nicht so leicht einschätzen. Dies hat drastische Auswirkungen auf die Werbeindustrie, wie C. Schleier ermittelte: „Noch immer scheitern 80 Prozent der neu eingeführten Produkte, obwohl vor der Einführung intensiv Marktforschung betrieben wurde. Jedes Jahr müssen deshalb etwa 20.000 Artikel nach kurzer Zeit wieder vom Markt genommen werden. Eine Summe von zehn Milliarden Euro wird dadurch laut der Gesellschaft für Konsumforschung (Gfk) jedes Jahr verschwendet“ (Schleier 2012: 18). Für ein erfolgreiches Werbekonzept ist es demzufolge essenziell, dass der Werber die selektive Wahrnehmung der Konsumenten schon während des kreativen Prozesses berücksichtigt. R. Karl unterscheidet zwischen fünf Kategorien der „kommunikativen Wahrnehmung der Werbung“, wobei sie die ersten drei Kategorien als Haupteinflussfaktoren nennt: Die erste Kategorie umfasst das unterbewusste Wahrnehmen. R. Karl verdeutlicht dies mit einem zugeschickten Werbeprospekt, das ein Konsument in seinem Briefkasten findet. Selbst wenn er es nur schnell überfliegt und dann wegwirft, wird er sich im Geschäft wahrscheinlich an das Produkt erinnern – auch wenn ihm nicht immer bewusst ist, wann er davon zuerst erfahren hat. Nach R. Karl „(…) sind es [meist] auch nur die Überschriften, an die sich die Leser wirklich erinnern“

41 H. Stöckl stellt diesbezüglich fest, dass Werbetexte zwar „auf semiotischer Ebene Zeichenmanipulation enthalten“ wie etwa „dem Prinzip der Merkmalsübertragung“, allerdings geschieht diese Einflussnahme im Interesse des Rezipienten (und natürlich im Interesse des Produzentens). Durch explizite Signale auf der Textebene kann es sich folglich bei Werbetexten nicht um Manipulation handeln (vgl. Stöckl 1997: 84f). Es stellt sich demnach die Frage, wie effektiv subliminale Werbung de facto sein kann, wenn ein grundsätzliches Interesse des potentiellen Käufers eine Voraussetzung für einen Kaufakt ist.

(Karl 2011: 84), da mehr als 75 Prozent aller Leser bei einer Werbeanzeige ausschließlich die Überschrift oder „Headline" lesen. R. Karl stellt fest, dass, wenn die Überschrift mit dem Bild „eine aussagekräftige Einheit bildet" (ebd., 84), „(…) das Werbepotenzial einer Headline um ein Vielfaches größer [ist] als im übrigen Fließtext" (ebd., 86). Ob die Überschrift nun unterhält, informiert oder nachdenklich stimmt – sie sollte in jedem Fall das Interesse des Lesers wecken und in Erinnerung bleiben. Die Platzierung der Werbung in einem Printmedium ist ebenso von entscheidender Bedeutung, da z.B. bei der Rückseite nach G. Felser ein „eindeutig positiver Behaltenseffekt nachgewiesen werden [konnte]". Anzeigen, die zuerst gelesen werden, bleiben besser im Gedächtnis, da die Konzentration mit der Zeit nachlässt (vgl. Felser 1997: 278 nach Tschörner 2007: 54). Die Anzeigengröße und der Bilderanteil können die Memorierbarkeit gleichermaßen positiv beeinflussen. C. Hackley merkt diesbezüglich an, dass das Kurzzeitgedächtnis durchschnittlich nur sechs oder sieben Informationen behalten kann (vgl. Hackley 2005: 33). Nach C. Schleier ist eine abnehmende Erinnerungsfähigkeit bei Werbespots zu beobachten: „Wurden 1985 noch 18 Prozent der Werbespots erinnert, waren es 2002 nur noch 8 Prozent. Obwohl die Werbebudgets von 1990 bis 2000 um 175 Prozent gestiegen sind, ist die Markenerinnerung um 80 Prozent gesunken" (Schleier 2012: 22). Dies verdeutlicht, dass ein aufwendig produzierter Werbespot nicht unbedingt auf die Erinnerungsfähigkeit der Kunden einwirkt, was allerdings bei zunehmender, werblicher Bilderflut auch schwieriger geworden ist.

Mit der zweiten Kategorie des „instinktiv-bewussten Wahrnehmens" wird der Konsumenten im Supermarkt konfrontiert. Der Einsatz von „Duft- und Farbstoffe[n], unterhaltsame[r] Ladenmusik (…) [und] Ladenspots" soll die Kauflust der Konsumenten fördern. C. Schleier zitiert eine amerikanische Studie, die untersuchte, inwiefern landestypische Musik Konsumenten zum Kauf eines landestypischen Weines beeinflussen kann. Das Ergebnis belegte, dass Musik den Konsumenten in dieser Weise beeinflussen kann, sodass „(…) amerikanische Konsumenten dreimal häufiger französische Weine [kauften], wenn in der Weinhandlung französische Hintergrundmusik lief. Der gleiche Effekt trat bei deutscher Hintergrundmusik auf: Hier kauften die Amerikaner dreimal so viele deutsche Weine" (ebd., 20). C. Schleier bemerkte zudem, dass keiner der Studienteilnehmer die Hintergrundmusik bewusst wahrgenommen hätte (vgl. ebd., 20). R. Karl fasst die Wirkung von Farben im Verpackungsdesign, die ebenso in die zweite Kategorie fällt, wie folgt zusammen:

> „So greifen wir bei Lebensmitteln eher instinktiv nach einer hellen Verpackung mit freundlichen hellen Farben. Kein Wunder: Die Farben Gelb, Orange, Weiß, Rot, Rosa/Pink setzen wir mit „Freude", „Leben", „Heiterkeit" und vielen anderen positiven Dingen gleich. Die Farbe Grün symbolisiert für uns Frische. Und ein Putzmittel mit weiß-blauer Verpackung halten wir für besonders „sauber" (Karl 2011:24).

Die Farbe Grün dürfte zudem in den letzten Jahren durch den Trend zu biologisch angebauten oder hergestellten Produkten zu einem Kennzeichen dieser Produktpalette geworden sein, wieder Diplompsychologe K. Vollmar betont: „Ohne das Schlagwort Bio kann man heutzutage kaum noch ein Lebensmittel verkaufen. Grün symbolisiert gesunden, maßvollen und nachhaltigen Konsum" (Web 22). Der Experte rät allerdings davon ab, das Corporate Design, insbesondere die firmeneigene Farbgebung, nach Jahren der Vermarktung zu ändern, wenn sie positiv besetzt ist. Er nennt als Beispiel die Coca Cola Company, die sogar dem Weihnachtsmann farblich bestimmte. Manche Farbschattierungen werden direkt mit einer Marke assoziiert, wie z.B. das Magenta der Deutschen Telekom AG oder das Mintgrün des Juweliers Tiffany & Co. Wie schwierig die Wahl der richtigen Schattierung für eine Firma ist, verdeutlicht dieses Zitat von K. Vollmar:

> „(…) Grün hat viele Schattierungen. Da muss man aufpassen. Grün ist eine Gratwanderung. Beim Grün der Dresdner Bank zum Beispiel hat sich das Entwicklerteam viele Gedanken gemacht. Es durfte nicht zu hell sein, sonst hätten es die Menschen schnell mit einem Öko-Image in Verbindung gebracht. Es sollte aber auch nicht zu kalt wirken, denn grün wird unbeliebter, sobald es in den türkisen Farbbereich geht" (ebd.).

Die „Wahrnehmung durch markante Botschaften" ist nach R. Karl die dritte Kategorie. Die Werbebotschaft kann durch einen prägnanten Slogan erfolgen oder wird im Idealfall durch eine „fiktive Werbefigur" verkörpert (vgl. Karl 2011: 25), wie z.B. der des Herrn Kaisers von der Hamburg-Mannheimer Versicherungs-AG. Der Schauspieler spielte die Rolle des „freundlichen Versicherungsexperten Kaiser" (Web 49) 18 Jahre lang und wirkte dadurch auf die Konsumenten vertraut und glaubwürdig. Besonders bei Kindern werden gern Zeichentrickfiguren eingesetzt, die die Werbebotschaften kindgerecht vermitteln. Die Produktwahrnehmung wirkt durch sie noch sympathischer (vgl. Danesi 2008: 36). Ein Beispiel aus den USA zeigt, wie Marketingexperten Kindern durch eine solche Zeichentrickfigur Tiefkühlerbsen schmackhaft machten, wie W. Wells, J. Burnett und S. Moriarty erläutern:

> "Imagine yourself an advertiser who wants to position vegetables to make them acceptable to children. Why not use a cartoon character like a giant to promote them? But giants are fearsome, you think, so how do I make this character appealing to kids? Make him 'Jolly' " (Wells 1989: 5).

Das Ergebnis dieser Überlegungen ist der „Jolly Green Giant", ein grüner Zeichentrickriese, der erstmals 1928 in einer Werbekampagne des Unternehmens Green Giant erschien. Nach Ronald McDonald und dem Marlboro-Mann wurde der „Jolly Green Giant" in den USA zur drittbekanntesten Werbefigur des 20. Jahrhunderts gewählt (Web 24). Testimonials fallen ebenfalls in diese Kategorie. M. Danesi definiert Testimonials als "(…) advertisements in which a person is shown endorsing a product. The person may be someone who looks like an average user of the product or it may be some celebrity (a movie star or a popular athlete) who endorses it" (Danesi 2008: 34). M. Andree vergleicht prominente Markenbotschafter mit Helden im Mythos, die „als Identifikationsfiguren (…) die mediale Idole ab[geben], denen der Verbraucher nachfolgen soll" (Andree 2010: 82). Obgleich sich Konsumenten an Testimonials aufgrund ihrer medialen Bekanntheit und folglich an das Produkt gut erinnern, sieht M. Andree auch einen wesentlichen Nachteil an ihnen:

> „Das Testimonial [sic] durchläuft den (…) wear-out-effect, mit einem doppelten Ergebnis: auf der einen Seite festigt sich beim Rezipienten das Band zwischen Testimonial und Marke, das heißt, der bärtige Abenteurer [der Camel-Mann] wird mehr und mehr zum Markengesicht, er gewinnt drastisch an Wiedererkennbarkeit, er wird zunehmend mit der Marke gleichgesetzt, so dass man eigentlich nur sein Konterfei, ohne Logo, Verpackung oder weitere Erklärung, abdrucken könnte, um die semantische Zuordnung zur Marke Camel anzurufen. Indem der Camel-Mann zu einer solchen Marken-Ikone wird, verliert aber die metaphorische Impertinenz der Aussage „Camel ist Abenteuer" an Schubkraft, und zwar in dem Sinn, dass man etwa beim

Blättern in einer Zeitschrift die Anzeige bemerkt, zuordnet „„Aha Camel" – und weiterblättert, weil eben nichts Neues darin gesehen wird" (ebd., 86).

Dieser Effekt der nachlassenden Wirkung einer Werbebotschaft durch Testimonials ist auf langer Sicht nicht zu vermeiden, sodass nach M. Andree „alle Metaphern des Marketings" (ebd., 86) ihm erliegen. M. Andree nennt zwei Lösungsansätze, um das Eintreten des „wear-out-effects" zu verzögern oder aufzuhalten: Die einfachste Möglichkeit ist es das Testimonial auszutauschen. Im oben genannten Beispiel der Camel-Zigaretten entschieden sich die Werber für diese Lösung und ersetzten den Camel-Mann durch die anthropomorphe Figur des Joe Camels. Eine andere Möglichkeit besteht darin, die „metaphorische Aussage" zu erneuern, indem das Testimonial in neue, moderne Kontexte gesetzt wird. Die Spirituosenmarke Jägermeister schaffte es, durch zwei neue Testimonials, die Hirsche Rudi und Ralph, und einem modernen, selbstironischen Anstrich das angeschlagene Image zu verbessern, wie S. Dolle, Beraterin von Philipp und Keuntje, erläutert: „Um den Abwärtstrend zu stoppen und die Käuferreichweite zu steigern, hatten wir uns vorgenommen, neben situativen Zielgruppen vor allem jüngere und eher männliche Verbraucher zwischen 18 und 39 Jahren aus dem Selbstverwirklichungs- und Unterhaltungsmilieu hinzuzugewinnen" (Web 33). Die Marke etablierte sich durch geschicktes Marketing zu einem beliebten Partygetränk in den jüngeren Zielgruppen.

In der vierten Kategorie nach R. Karl erfolgt die „Wahrnehmung der Botschaft durch empfehlende Kollektivwerbung". Oft entscheiden sich Verbände oder Interessensgemeinschaften für diese Kategorie, da sie besonders glaubwürdig erscheint. Ein bekanntes Beispiel dieser Kategorie ist die Werbung des Waschmaschinenentkalkers Calgon, die schon im Claim behauptet „Calgon – von führenden Waschmaschinenherstellern empfohlen!" (vgl. Karl 2011: 25). Die letzte Kategorie umfasst die „Markenwahrnehmung durch Festlegung der Werbeobjekte" (ebd., 26). Dabei können Unternehmen entweder mit allen Produkten ihres Sortiments werben, was sich für eine Imagekampagne lohnen würde oder sie bewerben nur einige ausgewählte Produkte. Beide Strategien können für ein Unternehmen Vor- und Nachteile haben, was im Einzelfall entschieden werden muss. Eine Imagekampagne ist sehr kostenintensiv im Gegensatz zu einer Produktkampagne. Wirklich erfolgreich ist ein Produkt dann, wenn der Produktname in der Alltagssprache zu einem Synonym oder Oberbegriff geworden ist, sodass die Markenwahrnehmung in der Bevölkerung groß ist und das Produkt sich auch ohne regelmäßige Kampagnen gut verkauft (vgl. ebd., 26f). Der Papiertaschentuchhersteller „Tempo“ sowie die Beiersdorf AG mit dem Lippenpflegestift „Labello“ zählen zu dieser Kategorie. Nach S. Bendel stellt der Produktname generell eine Konstante dar, die seit der Einführung der Werbeanzeige vorhanden ist und auch heute nicht weggelassen werden kann (vgl. Bendel 1998: 105 nach Tschörner 2007: 12), wie das Experiment der Zigarettenmarke Silk Cut von 1983 bestätigte.[42]

---

42 Siehe Seite 50.

3. Das angewendete Analysemodell nach H. Stöckl

„Persuasion ist in allererster Linie ein kognitiver Prozeß, in den allerdings emotionale Komponenten einfließen“ (Stöckl 1997: 70).

Das obenstehende Zitat H. Stöckls benennt einen wesentlichen Aspekt persuasiver Texte: Ein kognitiver Prozess lässt sich hervorragend interdisziplinär analysieren und beschreiben. So betont H. Stöckl, dass manche Phänomene mithilfe von kognitionswissenschaftlichen Analyseverfahren eingehend untersucht wurden, wie beispielsweise „(...) die behaltensfördernde Wirkung des Reims und der Alliteration“ (ebd., 70). Die Analyse von H. Stöckl, die dieser Arbeit als methodologisches Vorbild dient, beschränkt sich jedoch auf eine rein linguistische, kontrastive Analyse der Werbekommunikate. Eine interdisziplinäre Zusammenarbeit zwischen der Kognitionswissenschaft und der Linguistik wären diesbezüglich jedoch erstrebenswert. H. Stöckl bezeichnet sein Modell als „(...) funktionale[...] Betrachtung von Textgestaltungsmitteln und Textdesign“ (ebd., 10). Die Sprachanalyse dieses Korpus unterscheidet sich in einigen Punkten von H. Stöckls Analyse: Er untersuchte Printanzeigen aus dem Bereich der Automobilbranche Großbritanniens. Die vorliegende Arbeit vergleicht an den Endverbraucher gerichtete Werbung aus dem Bereich Küche und Haushalt, die in zwei verschiedenen Ländern und Sprachen veröffentlicht wurden. Ferner liegen diesem Korpus Anzeigen aus Magazinen und von Onlineauftritten zugrunde. Die Printanzeigen wurden hauptsächlich in Frauenzeitschriften wie „Marie Claire UK“ und „Brigitte“, Kochzeitschriften wie „BBC Good Food“, „Jamie“ und „Essen & Trinken“ oder Zeitschriften mit Familien als Zielgruppe wie „Eltern“ gefunden, was auf die Thematik der Werbeanzeigen zurückzuführen ist.

Die Entscheidung zu dieser Erweiterung des Analysebereiches beruht auf der Tatsache, dass die Medien zum jetzigen Zeitpunkt stark vernetzt sind und sich aufeinander beziehen. So wird beispielsweise häufig in den analysierten Printanzeigen die Internetadresse der Firmen- oder Produktseite genannt bzw. gelegentlich sogar ein QR-Code zum direkten Aufrufen der Homepage mittels Smartphone abgebildet. Da diese starke Vernetzung ein entscheidendes Merkmal moderner Werbekampagnen ist, wurde dies in der Auswahl der Werbekommunikate berücksichtigt. Die Werbekommunikate werden diesbezüglich erst nach Werbeträgern getrennt analysiert und die Ergebnisse schließlich in einem zweiten Schritt miteinander verglichen. Aus Sicht der Werber bietet Printwerbung in Magazinen vor allem die Vorteile, dass sie in der Freizeit gelesen werden, also zu einem Zeitpunkt, an dem der Leser im besten Fall entspannt und rezeptionswillig ist, Zeitschriften häufig über einige Wochen aufgehoben und erneut durchgeblättert werden sowie die gute Farbdarstellung der Anzeigen (vgl. Danesi 2008: 40). Der Begriff Onlinewerbung ist vage gehalten und bedeutet in Hinsicht auf diesem Korpus vorwiegend die Produktpräsentation auf den Homepages. Zusätzlich wurden Werbekommunikate wie z.B. Experteninterviews, Hintergrundinformationsberichte oder Wettbewerbsausschreibungen analysiert, da sie funktional im Sinne der Produktwerbung stehen und typisch für das Möglichkeitsspektrum der Onlinewerbung sind. Da Produktinteressenten z.B. nach dem Lesen einer Printanzeige aktiv die entsprechende Homepage aufsuchen,[43] bietet dies den Werbern die Chance, tiefergehend und ausführlicher zu informieren und überzeugen, was sich nicht zuletzt an der Gewichtung der Zeichenanzahl der beiden Werbeträgern ablesen lässt. Bei den Werbekommunikaten des Korpus handelt es sich primär um Produktwerbung, wenngleich, wie H. Stöckl bemerkt, diese Werbeform in der Praxis oft Merkmale der Repräsentationswerbung, die das Markenimage einer Firma hervorhebt, zeigt (vgl. Stöckl 1997: 22).

Die Printanzeigen sowie die Onlinewerbung wurden im Sinne einer synchronen Analyse aus dem Zeitraum von 2007 bis 2014 ausgewählt. Sie sind für die Thematik Küche und Haushalt repräsentativ, wobei es in Zeiten der Globalisierung nicht berücksichtigt wurde, ob ein landestypisches Produkt aus dem jeweiligen Kulturkreis Großbritannien oder Deutschland beworben wird. Diese Ausrichtung ermöglicht, dass ein Vergleich gezogen werden kann zwischen den

[43] M. Danesi listet eine Reihe von Formen der Onlinewerbung auf, zu denen der Internetnutzer nicht aktiv eine Firmenhomepage aufsuchen muss, wie z.B. "banner advertising", "click-through advertising", "contextual advertising", "pop-up ads", "run-of-network banner advertising", "run-of-site banner advertising", "extramercial advertising", "interstitial advertising" und "floating ads" (vgl. Danesi 2008: 44f). Diese Werbeformen wurden nicht im Korpus aufgenommen und werden daher an dieser Stelle nicht näher betrachtet.

Marketingstrategien großer, internationaler Firmen und ihrer jeweiligen Anpassung an den Zielkulturkreis. H. Stöckls Analysemodell ist von einer Dreigliedrigkeit gekennzeichnet: In einem ersten Schritt wird die „logisch-semantische [Text-]Struktur“ (ebd., 19) untersucht. Dabei legt er seiner Analyse das „Leipziger relationale Textmodell“ zugrunde. Er benennt die „lineare Textstruktur“, die für Werbetexte generell gültig sind, wie folgt:

INVOCATION: invokes the reader's/putative customer's emotions, attention and interest;

THEME: announces and outlines theme, claim or case of the argument to be developed;

ARGUMENT: substantiates claim;

CONCLUSION: summarizes, assesses argument or claim, graceful withdrawal;

APOSTROPHE: states address of firm, details of product, availability of product

Abb. 4: Die lineare Textstruktur von Werbetexten (Stöckl 1997: 22)

Diese Textstruktur deckt sich inhaltlich mit der bereits genannten, allgemeineren Beschreibung des Aufbaus einer prototypischen Werbeanzeige.[44] H. Stöckl beschreibt, dass das Ausgangswerbekommunikat in Teiltexte selektiert werden muss, sodass „(...) semantisch-syntaktische Strukturpläne“ entstehen (ebd., 23). In dieser Arbeit liegt der Fokus vor allem auf Abweichungen oder Erweiterungen dieses Grundschemas sowie den „werbetechniktragenden Textkonfigurationen“ (ebd., 156). H. Stöckls Analyse ergab, dass sechs Textkonfigurationen innerhalb seines Korpus vorherrschend waren:

1. Beweisführungsmuster: STATEMENT --- explicative 2 --- SUBSTANTIATION

2. Problemlösungsmuster: PROBLEM --- consecutive --- SOLUTION

3. Methodeillustrierendes Muster: METHOD --- consecutive --- RESULT

4. Analogiemuster: QUALITY 1--- comparative --- QUALITY 2

5. Narrative Muster: ACTION --- consecutive --- REACTION und SITUATION --- processual/temporal --- ACTION

6. Einräumungsmuster: STATEMENT --- concessive --- CONCESSION

Abb. 5: Die werbetechniktragenden Konfigurationen (Stöckl 1997: 194)

---

[44] Siehe Seite 38f.

Es ist denkbar, dass aufgrund des anders gewählten Themenschwerpunktes eine abweichende Rangfolge der Textkonfigurationen für die vorliegende Arbeit ermittelt wird.

In einem zweiten Schritt folgt nach H. Stöckl die „praktische Stilanalyse" (ebd., 19), in dem das Korpus im Hinblick auf rhetorische Figuren, Besonderheiten der Lexikverwendung und Indexikalität untersucht wird. H. Stöckl fasst Stil als „textuelles Phänomen" (ebd., 37) auf. Ferner wird „(…) Stil nur erkennbar […] im Wechselspiel situations- und musterbedingter Handlungen" (ebd., .37). Dabei ist es sehr effektiv, wenn verschiedene Handlungs- oder Wissensmuster verknüpft werden (ebd., 51). Eine solche Verknüpfung kann die eigentliche Werbeintention auch verschleiern. Dies wäre der Fall, wenn z.B. eine Werbeanzeige im Stil eines enzyklopädischen Artikels aufgebaut wäre (ebd., 52). Ferner werden in diesem Analyseschritt die Werbekommunikate hinsichtlich des „Modells des persuasiven Prozesses" (ebd., 71) untersucht. H. Stöckl nennt sieben mögliche Funktionen innerhalb eines Werbekommunikats: die „Aufmerksamkeit und Interesse aktivierende Funktion (ATTENTION)" (ebd., 71), die „Verständlichkeitsfunktion (COMPREHEND)" (ebd., 72), die „Akzeptanzfunktion (YIELD)" (ebd.,72), die „Behaltens- bzw. Retentionsfunktion (MEMORISE)" (ebd., 73), die „vorstellungsaktivierende Funktion (IMAGINE)" (ebd., 74), die „Ablenkungs- bzw. Verschleierungsfunktion (DISTRACT)" (ebd., 74) sowie die „Attraktivitätsfunktion (PLEASE)" (ebd., 75). Das Ziel ist es an dieser Stelle zu ermitteln, welche Funktionen im Korpus dieser Arbeit vorherrschend sind. Dabei weist H. Stöckl klar darauf hin, dass der Stil eines Werbetextes dazu beiträgt„(…), den im Text ablaufenden persuasiven Prozeß zu optimieren" (S. 67). Er fährt fort, dass sich Werbetexte im Anteil an informativen oder persuasiven Inhalten drastisch voneinander unterscheiden, wie z.B. „Wirtschaftswerbung/ technischer Werbetext; Produktwerbung/ Repräsentationswerbung; Pharmakawerbung/ Bierwerbung" (ebd., 97).

Der letzte Schritt der Analyse umfasst die Analyse der Bild-Text-Verknüpfung. H. Stöckl erläutert, dass „[d]ie Bild/Text-Verknüpfung (…) den Makrosprechakt 'STEUERN' [optimiert], indem sie eine Erhöhung des Überredungspotentials fördert" (ebd., 111). Bild und Text stehen zusammen in einer reziproken Beziehung, sodass nach H. Stöckl „(…) das Bild die Textbedeutung ergänzen, modifizieren, präzisieren und umdeuten (...) kann" (ebd.,120). B. Spillner entwickelte diesbezüglich ein Schema der „Wechselseitigkeit von Text und Bild", das zur genauen Ermittlung dieser Beziehung hilfreich ist:

I wechselseitige Ergänzung

1. Bild illustriert Text (exemplarische Visualisierung)
2. Text kommentiert Bild (ausdehnbar auf Übernahme des Funktion des einen Zeichensystems durch das andere)
3. Text visualisiert seine Semantik, Text übernimmt Bildfunktionen (Pseudobild)
4. Bild übernimmt sprachliche Funktionen für Textteile (prädiktable syntaktische Verkettungstypen, Sprichwörter, idiomatische Redewendungen)

II wechselseitige Determinierung

1. Text determiniert Bild
2. Bild determiniert Text (sekundäre Bedeutung entsteht)
3. völlig neue Textbedeutung entsteht, die aus Teiltexten (visuell + verbal) nicht ableitbar ist
4. Merkmalsübertragung von Bild auf Text und umgekehrt

Abb. 6: Die Wechselseitigkeit von Text und Bild (Spillner 1982: 92ff, nach Stöckl 1997: 124)

Dieses Schema ist für die Korpusanalyse dieser Arbeit relevant, da, wie H. Stöckl es formulierte, „Bildbedeutung (...) durch die assoziative Koppelung verschiedener visueller Signifikanten mit lexikalischen Einheiten oder generellen Denkoperationen bzw. –strukturen (rhetorische Figuren) [entsteht]" (ebd., 130). In einem zweiten Schritt wird die Position des Bildes innerhalb des Werbekommunikats untersucht. H. Stöckl zufolge befindet sich der „visual emphasis" „auf der 'upper left-lower right diagonal'" (ebd., 140), d.h. dass Bilder entlang dieser Diagonale positioniert werden, um besonders gut rezipiert zu werden. Dies hängt mit großer Wahrscheinlichkeit mit der traditionellen Leseweise in Europa zusammen, sodass „(...) [die] Leseweise einer kodierten Information von links oben nach rechts unten [erfolgt]" (ebd., 140). Er führt weiter aus, dass der Rezeptionsvorgang zwischen Bild und Text einem Kreislauf gleicht: „Über den visuellen Text gelangt der Adressat in den verbalen Text und begreift die Werbeidee. Die CONCLUSION [sic] weist ihn aus dem Text heraus wieder zum Bild zurück. Der Kreislauf schließt sich somit“ (ebd., 239). Der dritte Schritt besteht in der Analyse der vorherrschenden Bildform innerhalb des Korpus. H. Stöckl entwickelte für die Bildbeschreibung die folgenden Parameter: dynamisch/statisch, chromatisch/achromatisch, real/abstrakt und wirklich/unwirklich (ebd., 129). Die Korpusanalyse wird abgeschlossen, indem die Werbekommunikate in Hinblick auf „die globale Semantik des Bildes“, d.h. positive und negative Bilder, untersucht werden (ebd., 142). Negative Bilder werden beispielsweise in Anti-Raucher-Werbung eingesetzt und zeigen Risiken und Schäden auf. Eine Biaspektualität bzw. eine Mischform zwischen diesen Polen wäre ebenso denkbar, wie etwas in einem ikonischen Vorher-Nachher-Vergleich. H. Stöckl stellt fest, dass „[d]er Werbetext (…) zumeist nach Darstellung zweier Seiten (negativ/positiv) für die Durchsetzung des Positiven mit durch das geworbene Produkt [argumentiert]“ (ebd., 142).

4. Die Ergebnisse der induktiv-empirischen Analyse

„Wir wohnen nicht in einem Land, sondern in einer Sprache“ Emil Cioran (Web 53).

Der rumänische Philosoph E. Cioran vermag mithilfe dieser kurzen Beschreibung die enge, untrennbare Verknüpfung zwischen Sprache und Kultur darzustellen – eine Verknüpfung, die sich ebenso in der Werbesprache eines Landes oder einer Sprachgemeinschaft wiederfindet. Die Thematik der ausgewählten Werbung ist ein weiterer kultureller Aspekt, der wesentlich auf die Bild- und Textanalyse dieser Arbeit einwirkt. Die Nationalküche eines Landes ist seit jeher stark von Kultur, gesellschaftlichem Wandel, gesellschaftlichen Strukturen und der jeweiligen Mentalität geprägt. Großbritannien und Deutschland ist gemein, dass ihnen das hohe Ansehen der französischen Küche bzw. die breite Popularität der italienischen Küche fehlt. Letztere hat den Begriff „Spaghettisierung“ geprägt, der u.a. ein noch nie dagewesenes kulturelles Phänomen bezeichnet[45], wie D. Schümer konstatiert:

> „Es gibt eine andere Kultur [als die amerikanische], die im Windschatten der Ideologien mühelos die offene Stelle als globale Leitwährung beim Lebensstil eingenommen hat: die italienische. Längst haben Ethnologen staunend konstatiert, daß die Präsenz der Eßkultur Italiens von Feuerland bis Japan, von Alaska bis Ägypten mit keiner anderen Akkulturation in der Menschheitsgeschichte gleichzusetzen ist“ (Web 44).

Nach C. Ehrhardt ist die Esskultur nicht der einzige Ausdruck der „Kulturdominanz Italiens“: „Ähnliches läßt sich für die Mode und andere zentrale Ausdrucksformen des zeitgenössischen Lebensgefühls sagen“ (Web 44). Die Briten und Deutschen hingegen mussten lange Zeit mit dem Image ihrer Nationalküchen hadern. P. Peter fasst das verbreitete Bild der deutschen Küche wie folgt

[45] Der Begriff Spaghettisierung bezeichnet zudem ein astronomisches Phänomen. M. Pollmann erläutert, dass „[d]as Wort Spaghettisierung (...) von Stephen Hawking geprägt worden sein [soll], der in seinem Buch "Eine kurze Geschichte der Zeit" den fiktiven Flug eines Astronauten in ein Schwarzes Loch beschreibt. Dabei wird er auf Grund der Gezeitenkräfte wie eine Spaghetti in die Länge gezogen. Denn die Anziehungskraft sinkt mit dem Quadrat des Abstands, und so werden seine Füße stärker angezogen als sein Kopf. Selbiges passiert auch bei freiem Fall auf der Erde, doch sind die Effekte hier so klein, dass sie nicht einmal messbar sind“ (Web 41).

zusammen: „Zu fettig und schwer, zu sparsam und unfrisch [sic] haben jahrzehntelang gutbürgerliche Gaststätten aufgekocht und mit blumigen Begriffen wie Winzersteak, Zigeunerschnitzel oder Bürgermeistertopf mangelnde Identität schönzureden versucht" (Peter 2008: 7). Über die englische Küche bemerkte der französische Schriftsteller Pierre Daninos einst spitz: „Die Engländer haben die Tischreden erfunden, damit man ihr Essen vergisst" (Web 39). Fernsehköche haben in beiden Ländern zu einer neuen Beschäftigung mit dem Thema Ernährung und Küche geführt, sodass z.B. „[e]in Fünftel aller verkauften Sachbücher und Ratgeber [in Deutschland] (...) sich mit Essen und Trinken [beschäftigt]" (Web 43). Es ist gleichwohl auffällig, dass in beiden Ländern eine deutliche Hinwendung zur fremdländischen, vor allem mediterranen Küche zu beobachten ist. So kommentierte nach P. Peter das Gastronomiemagazin „Feinschmecker" 2007 „(...) nach einem Blick auf deutsche Spitzenrestaurants sarkastisch (...) [, dass] „das deutsche Nationalgericht (...) mediterran [ist]"" (Peter 2008: 9). Das ursprünglich indische Gericht Chicken Tikka Masala wurde sogar in einer Rede zur nationalen Identität des britischen Politikers R. Cook zum neuen Nationalgericht Großbritanniens auserkoren:

> "(...) Chicken Tikka Massala is now a true British national dish, not only because it is the most popular, but because it is a perfect illustration of the way Britain absorbs and adapts external influences. Chicken Tikka is an Indian dish. The Massala sauce was added to satisfy the desire of British people to have their meat served in gravy" (Web 51).

Diese Hinwendung zu fremden Kulturen bzw. die kulturelle Vermischung sind sicherlich eine Folge der Globalisierung. Dass die Beschäftigung der eigenen Ernährung gestiegen ist, könnte zudem mit der gesellschaftlichen Tendenz des sogenannten „Cocoonings" zusammenhängen. Nach A. Haslauer bezeichnet dies „(...) eigentlich das „sich in einen Kokon Einspinnen" (Web 29). Er führt weiter aus, dass „[der Begriff] (...) zuerst in den achtziger Jahren von der britischen Trendforscherin Faith Popcorn verwendet [wurde], als sich die Menschen in das häusliche Privatleben zurückzogen. Zuletzt zeigte sich diese Tendenz nach den Terroranschlägen im Jahr 2001" (ebd.). Dabei werden nach A. Haslauer „[d]ie freien Mittel (...) in der Krise stattdessen in Dinge investiert, die den Wohlfühlfaktor zu Hause steigern" (ebd.). Der Handel reagiert auf diese Konsumentenbedürfnisse, sodass vor allem die Discounter und das Premiumsegment des Handels von dieser Tendenz profitieren (vgl. ebd.). Nach den Terroranschlägen im Jahr 2001 dürfte in der näheren Vergangenheit die weltweite Finanzkrise ab dem Jahr 2007 sowie die Eurokrise ab dem Jahr 2009 die gesellschaftliche Tendenz des Cocoonings verstärkt haben. Vor diesem komplexen Hintergrund wird das Korpus in Hinsicht auf linguistische, ikonische und kulturelle Unterschiede und Gemeinsamkeiten der beiden Länder analysiert.

4.1 Die Ergebnisse der Printwerbungsanalyse

Die Korpusanalyse zeigte auf makrostruktureller Ebene, dass es drei Grundansätze auf Seiten der Werber gibt: Ein Grundansatz darin besteht, dass eine Werbeanzeige einmalig entworfen und dann in die jeweilige Sprache übersetzt wird. Diese Werbeanzeigen sind hinsichtlich des Bildmaterials nahezu identisch, sodass sich der Aufwand der individuellen Anpassung an eine Kultur erübrigt.[46] Die Werbeanzeigen #WE6 Grana Padano und #WD6 Grana Padano des Korpus lassen sich beispielsweise zu diesem Grundansatz zuordnen, sodass lediglich das Bild der englischen Werbeanzeige vergrößert und der Eigenname 'Consorzio Tutela Grana Padano' in der deutschen Werbeanzeige nicht übersetzt wurde. Ferner ließ sich selbst die visuelle Hervorhebung der ersten beiden und dem letzten Wort des Body Copys, die "MADE ... IN ITALY" bzw. „HERGESTELLT... IN ITALIEN“ ergeben und somit eine weitere Botschaft vermitteln, in beide Sprache übertragen. Solch eine Übersetzung von Werbetexte ist jedoch fehleranfällig. So wurde beispielsweise der Slogan für walisisches Lammfleisch "It's all about quality time" mit „Es ist Zeit für Qualitat [sic]“ übersetzt (#WE16 Walisisches Lammfleisch und #WD28 Walisisches Lammfleisch). Da ein britisches Produkt beworben wird, ist es sehr wahrscheinlich, dass die englische Werbeanzeige als Ausgangstext für die deutsche Übersetzung fungiert hat. Es ist möglich, dass es sich bei diesem Fehler um einen Druckfehler handelt, da einem Übersetzer oder Lektor solch ein Fehler, zumal angesichts der besonderen Bedeutung des Werbeslogans, nicht entgehen sollte. Dies ändert jedoch nichts

46 Zu den Gefahren internationalisierter Werbung wird im Kapitel „6. Schlussbetrachtung“ auf den Seiten 111-115 näher eingegangen.

daran, dass dieser Orthografiefehler in der deutschen Werbeanzeige negativ auffällt.

Der zweite Grundansatz weist nur geringe Anpassungen auf, so dass z.B. Bilder vergrößert oder mit einigen Elementen ergänzt wurden. Die Werbebotschaft ist in beiden Sprachen ähnlich formuliert. Diese Anpassung ist dabei so gering, dass eine gemeinsame Ursprungsanzeige bzw. – idee für beide Anzeigen klar erkennbar ist. Ein Beispiel für diesen Grundansatz sind die Werbeanzeigen #WE7 Lindt Lindor und #WD12 Lindt Lindor. Die Größenverhältnisse der Bilder und des Firmenlogos variieren, sodass das zentrale Bild in der deutschen Werbeanzeige verkleinert wurde, da im Bildhintergrund der Schatten einer Frau hinzugefügt wurde. Der Body-Copy vermittelt bei beiden Anzeigen dieselbe Werbebotschaft und weist zudem syntaktisch die Struktur eines Bedingungssatzes auf (#WE7 Lindt Lindor "When its irresistibly smooth filling starts to melt, so will you", #WD12 Lindt Lindor „Wenn die feine Chocoladenhülle auf der Zunge zergeht und die unendlich zartschmelzende Füllung all Ihre Sinne sanft berührt, entführt Lindor Sie an einem Ort, an dem Chocoladenträume wahr werden".), wenngleich der englische Werbetext kürzer formuliert ist.

Der dritte Grundansatz besteht darin, dass unterschiedliche Werbeanzeigen für die verschiedenen Länder konzipiert werden, wie z.B. bei den Werbeanzeigen #WE23 Flora und #WD35 Becel des Korpus. Die englische Werbeanzeige richtet sich klar an Eltern als Zielgruppe, wohingegen die deutsche Werbeanzeige diesbezüglich neutral bleibt. Die comicartige Zeichnung eines Kindes gibt der englischen Werbeanzeige eine freundliche Atmosphäre. Die deutsche Anzeige ist nüchterner gehalten und nutzt die Polysemie des Begriffes Gold (die goldige Farbe der Margarine sowie Gold als Symbol für etwas Wertvolles) für die Produktpräsentation. In der englischen Werbeanzeige wird über den Geschmack geworben, wohingegen in der deutschen Anzeige der positive gesundheitliche Aspekt im Vordergrund steht. Beide Werbeanzeigen wurden in Frauenzeitschriften gedruckt, sodass die Entscheidung für die Wahl eines der oben genannten USPs (unique selling propositions) nicht mit abweichenden Zielgruppen zusammenhängt. Der Vollständigkeit halber soll nicht unerwähnt bleiben, dass ein weiterer Grundansatz existiert, der jedoch im Korpus nicht zu finden war: Einige Unternehmen konzipieren ihre Werbeanzeigen in einfachem Englisch, die sie für alle Zielländer einsetzen. Der Automobilhersteller BMW bewarb z.B. sein Modell Mini Cabrio im Jahr 2009 mit den folgenden Worten einer Berliner Werbeagentur: "For those who have nothing to hide. The new Mini Cabrio. Always open" (Web 59). Da es sich bei dem Modell Mini ursprünglich um eine britische Marke handelt, könnte die Entscheidung eine englischsprachige Werbeanzeige zu konzipieren auch darauf zurückzuführen sein, dass auf diese Herkunft und Tradition angespielt werden soll. Solch eine rein englischsprachige Anzeige für beide Länder fand sich nicht im Korpus, allerdings zeigte es sich, dass Slogans gelegentlich nicht übersetzt werden (z.B. #WE1 De' Longhi und #WD1 De' Longhi "De' Longhi – Better everyday"). Der schottische Whisky Chivas Regal wies für die verschiedenen Werbeanzeigen unterschiedliche, englische Slogans auf (#WE2 Chivas Regal "A legend reborn", #WD3 Chivas Regal "Live with chivalry").

Der Grund für den bewussten Einsatz von fremdsprachigen Werbetexten oder vereinzelten Fremdlexemen ist nach M. Snell-Hornby darauf zurückzuführen, dass „[m]anche Sprachen (…) ein gewisses Prestige in bestimmten Zielkulturen [genießen] so daß man die mit ihnen verbundenen positiven Assoziationen in die Produktwerbung einbeziehen kann. Ein französischer Text für exklusive Kosmetika etwa bedarf keiner Übersetzung für den britischen Markt (…)" (Snell-Hornby 1999: 239). Die Fremdlexeme innerhalb des Korpus zeigen einen Bezug zum Herkunftsland des Produktes und unterstreichen dies stilistisch (z.B. #WD2 De' Longhi Vollautomat Primadonna exclusive „Dolce Vita", #WD12 Lindt Lindor „Chocoladenträume [sic]", #WD4 Castello Käse „Crème de la crème", #WD13 Maille Senf „Savoir-vivre", #WE24 Bosch „fantastisch"). Die englische Werbeanzeige für Maille Senf weist zudem explizit auf die richtige Aussprache der französischen Produktnamens hin (#WE8 "(…) Maille [pronounced "MY"] (…)"). Die positive Assoziation zu einem Fremdlexem wird nicht immer in den Werbeanzeigen gleichermaßen eingesetzt, sodass z.B. „der Schweizer Maître Chocolatier" in der englischen Anzeige zum "Master Chocolatier" wird (#WE7 und #WD12 Lindt Lindor).

Neben der Anpassung der Größenverhältnisse im zweiten Grundansatz weist das Korpus drei weitere Anpassungen auf: eine kulturelle, eine saisonale und eine zielgruppengerechte Anpassung. Die kulturelle Anpassung findet sich sowohl auf der ikonischen als auch inhaltlichen Ebene. Vor der eigentlichen Konzipierung einer Werbeanzeige sollten nach M. Snell-Hornby, H. G. Hönig, P. Kußmaul und P. A. Schmitt „die unterschiedlichen Kontextualisierungsbedürfnisse verschiedener Kulturen“ in Betracht gezogen werden. Sie nennen die japanische und arabische Kultur als Beispiele für Kulturen mit hohem Kontextbedarf, wohingegen die deutsche Kultur von einem niedrigen Kontextbedarf gekennzeichnet ist. „Die britische Kultur liegt ungefähr in der Mitte, die amerikanische hat einen niedrigeren Kontextbedarf als die britische, aber einen höheren als die deutsche“ (Snell-Hornby 1999: 240). Die internationalen Kampagnen müssen daher an die jeweilige Kultur angepasst werden, was konkret bei einer Werbeanzeige aus einer Kultur mit niedrigen Kontextbedarf in eine Kultur mit hohem Kontextbedarf bedeutet, dass unter Umständen zusätzliche Details und Erläuterungen vorgenommen werden müssen (vgl. ebd., 240). Im Korpus der Onlinewerbung finden sich einige Beispiele, in denen eine übersetzte Werbung mit Erläuterungen ergänzt wurde[47], damit sie inhaltlich für die Zielkultur verständlich ist, allerdings weist das Korpus keine großen Diskrepanzen diesbezüglich auf, was auch auf die Thematik zurückzuführen ist.

Die kulturelle Anpassung zeigt sich z.B. in der Werbeanzeige für Flora buttery (#WE23 Flora), die ein Sandwich abbildet. In der entsprechenden deutschen Werbeanzeige wird es durch ein Körnerbrötchen ersetzt (#WD35 Becel Gold). Wenngleich auch in Deutschland Toast gegessen wird, werden bei beiden Anzeigen landestypische Brotsorten abgebildet. Ein weiteres Beispiel ist die englische Kikkoman-Kampagne (#WE18 Kikkoman und #WE19 Kikkoman), die die traditionell in der asiatischen Küche verwendete Sojasauce mit eher als europäisch einzuordnenden Gerichte bewirbt. Die Kampagne spricht durch diese Erweiterung auf europäische Gerichte möglicherweise eine breitere Zielgruppe an.

Ferner sind einige Werbeanzeigen durch eine saisonale Anpassung gekennzeichnet. So wurden beispielsweise die Kaffeetassen in der Nespresso-Werbung als Weihnachtsbaum drapiert und in der Vogelperspektive fotografiert (#WE39 Nespresso) und die Castello-Werbeanzeige nennt Rezeptvorschläge für die weihnachtliche Käseplatte (#WE3-#WE5 Castello). Die Werbeanzeige #WD7 Grana Padano weist auf den baldigen Schulbeginn hin. Eine herausragende Rol-

[47] Siehe Seite 95f.

le innerhalb des Korpus bildet die Kampagne von Kenwood (#WE9,#WE10, #WE12 Kenwood und #WD15 -#WD17, #WD21 Kenwood). Diese Kampagne zeichnet sich durch eine perfekte saisonale und kulturelle Anpassung aus. Die Grundidee ist dabei stets die gleiche: Eine Zutat wird minimalistisch vor einem weißen Hintergrund fotografiert. Über diesem Bild steht eine in schwarz geschriebene Rezeptbezeichnung. Zu Beginn des Body-Copys wird die rhetorische Frage gestellt, welches Rezept anhand der Zutat assoziiert wird und drei Rezepte mit dieser Zutat werden aufgezählt. Der besondere Nutzen der Küchenmaschine wird anschließend genannt. Die im Dezember 2013 veröffentlichte deutsche Anzeige zeigt Mehl mit zwei Eiern und dem Schriftzug „Christstollen" (#WD16 Kenwood). Die im November 2013 erschienene englische Werbeanzeige zeigt z.B. ein rohes Ei mit dem Schriftzug „Tiramisu" (#WE9 Kenwood). Dasselbe Bildmotiv wurde im Frühjahr 2014 in Deutschland mit dem Schriftzug „Sauce Hollandaise" wieder genutzt (#WD21 Kenwood). Diese Kampagne dürfte als effektiv eingeschätzt werden, da über das Jahr hinweg auf den besonderen Nutzen der Küchenmaschine für saisonale Rezepte hingewiesen wird. R. Karl schätzt die Bedeutung des richtigen Veröffentlichungszeitpunkts allgemein als sehr hoch ein, sodass „[o]ftmals (...) ein geschickt gewählter Zeitpunkt (wie zum Beispiel Weihnachtszeit, Herbstanfang, Erntedankfest, Fasching, Ostern) für den Erfolg einer Kampagne wichtiger sein [kann] als die Idee selbst" (Karl 2011: 81).

Die letzte Anpassung besteht in der Anpassung an eine bestimmte Zielgruppe. Da der Konsum von Lebensmittel ein menschliches Grundbedürfnis ist, wird in vielen Werbeanzeigen für Lebensmitteln eine bestimmte Zielgruppe nicht näher spezifiziert. Andere Werbeanzeigen weisen einige Indizien für eine Zielgruppe auf. So wird in den Werbeanzeigen #WD7 – 10 Grana Padano eine personifizierte Käsefigur abgebildet. Sie richtet sich bewusst an Kindern und hält zu der Werbeanzeige passende Attribute in der Hand (#WD7 Grana Padano eine Schultüte, #WD8 Grana Padano einen Weihnachtsbaum,#WD9 Grana Padano einen Bücherstapel, #WD10 Grana Padano einen Fußball). Die besondere Affinität von Kindern zu gezeichneten Werbefiguren wurde bereits beschrieben.[48] Inhaltlich richtet sich der Werbetext jedoch an die Eltern, was der Theorie der

[48] Siehe Seite 72.

zwei Konsumentengruppen[49] entspricht. Die Werbeanzeigen #WD3 Chivas Regal und #WE2 Chivas Regal wenden sich durch die abgebildete Barszene, die angeschnittene Männerhand und dem positiv besetzten Begriff „chivalry“ (#WD3) bewusst an Männer. Die Werbeanzeigen #WE29 und #WD41 Kelloggs sprechen hingegen Frauen an, was vor allem durch die angeschnittene Frauensilhouette (#WD41) und der Farbgebung vermittelt wird.

H. Stöckl konstatierte zu Beginn seiner Analyse, dass Werbetexte eine spezifische lineare Textstruktur aufweisen.[50] In Hinblick auf das Korpus lässt sich feststellen, dass diese lineare Textstruktur bei wenigen Werbeanzeigen in ihrer Grundstruktur zu finden ist. Die Werbeanzeigen weisen häufiger eine sehr reduzierte Textstruktur auf, was bis zu einer gänzlichen Reduktion auf das Firmenlogo, die Headline, einer elliptischen Information und der Facebook-Internetadresse führen kann (#WE32 Persil). Die Werbeanzeigen aus dem Themenbereich Küche und Haushalt werden vielmehr mit einer Vielzahl von zusätzlichen Informationen ergänzt, wie z.B. den Hinweis auf gewonnenen Auszeichnungen (z.B. #WD36 Bosch), besondere Vorteilsangebote mit Geschenken (#WE1 De' Longhi, #WE37 Tefal), Nährstofftabellen (#WD7, #WD9, #WD10 Grana Padano), Rezepten[51] (z.B. #WD26 laktosefreier Käse), QR-Codes (z.B. #WD25 Schweizer Käse) und Kombinationstipps des beworbenen Produktes mit anderen Lebensmitteln (#WE3-#WE5 Castello). Nur eine Werbeanzeige des Korpus (#WE26 laktosefreier Käse) nutzt Elemente des Textmusters der Zeitungsmeldung. Das Beweisführungsmuster ist die am häufigsten vorkommende werbetechniktragende Textkonfiguration. Die Werber verweisen in diesem Zusammenhang häufig auf Studien, deren Ergebnisse sie ohne nähere Erläuterung (#WD25 Schweizer Käse) nennen oder in einer Fußnote explizit zitieren (#WE24 Flora pro active), um die gesundheitsfördernde Wirkung ihres Produk-

[49] Siehe Seite 19f.

[50] Siehe Seite 77.

[51] Rezepte und die dazugehörigen Fotografien sind nicht nur eine thematisch passende Ergänzung für Werbeanzeigen, sondern sie stellen auch einen Aspekt der unbewussten Werbung dar: So konnte M. Hahn-Hübner zufolge nachgewiesen werden, dass „(…) äußere Reize wie Bilder Ihren Appetit durch diese Hormonausschüttung [des Hormons Ghrelin] anregen. […] Egal ob in Zeitschriften oder im Fernsehen, ständig werden wir von Lebensmittelwerbung verführt – und damit werden unweigerlich die Hormonproduktion und auch der Appetit gesteigert“ (Web 27). Diese Verführung kann letztendlich zur (unbewussten) Kaufentscheidung führen.

tes zu belegen. Gütesiegel (#WE6, #WD6 Grana Padano), EU-Förderprogramme (#WE16 Walisisches Lamm) und der kontrollierten Herkunftsbezeichnung (#WE14 Le Gruyère) werden im Sinne der Qualitätssicherung genannt. Das narrative Muster findet sich bei einer einzelnen Produktwerbung (#WD13 Maille Senf) und einer Produktkampagne (#WD52- #WD53 Tabasco) wieder. Das Problemlösungsmuster wird zu Beginn einer Anzeige genutzt (#WD19 Kenwood: „In vielen modernen Wohnkonzepten verschwimmt die Grenze zwischen Küche und Wohnräumen. Während gekocht wird, wird auch gewohnt, gegessen und getrunken, sind Freunde zu Besuch. Wäre es nicht schön, dabei einen intelligenten Küchenhelfer zu haben, der Ihnen Arbeit abnimmt, Ihnen die Freiheit gibt, sich an neue Rezepte zu wagen – oder sich mehr um Ihre Gäste zu kümmern? Kenwood hat so einen schlauen Helfer entwickelt (…)“).

Die praktische Stilanalyse, die dem zweiten Schritt gemäß des Analysemodells H. Stöckls entspricht, konnte nachweisen, dass vor allem der persuasive Prozess der Attraktivmachung des Textes (ATTENTION und PLEASE) im Korpus genutzt wurde (Stöckl 1997: 71, 75). Dies erfolgt entweder durch ungewöhnliche Fakten (#WD36 Bosch: „Eine Kühl-Gefrier-Kombination, die weniger Strom verbraucht als eine Energiesparlampe.“) oder durch eine Vielzahl an rhetorischen Figuren. Die Korpusanalyse zeigte, dass innerhalb des relativ geringen Textanteils der Werbeanzeigen eine hohe Dichte an rhetorischen Figuren zu finden ist. Dabei wurden vermehrt Neologismen (z.B. #WE31 Febreze "winterlicious", #WD36 Bosch „flüsterleise“, #WD27 Lavazza „aromaversiegelt“, #WD1 De' Longhi Vollautomat „löffelfest“, #WE23 Flora buttery "butteryness"), Anaphern (#WE1 De' Longhi "fresh beans, fresh milk", #WD33 Lindt Excellence „So dünn. So intensiv“), Fachtermini (z.B. # WD2 De' Longhi Vollautomat Primadonna exclusive „Frühstückskaffee im Schwallbrühverfahren“, #WD33 Lindt Excellence „conchiert“) und Wiederholungen (#WD7-10 auffallend häufige Wiederholung des Produktnamens Grana Padano, #WE14 Le Gruyère "smooth") verwendet. Auf syntaktischer Ebene fällt die hohe Frequenz an Imperativen (z.B. #WE30 Galbani Mozzarella "Make your pizza the Italian way") und Ellipsen auf (z.B. #WD1 De' Longhi Vollautomat „Ganz einfach auf Tastendruck.“; #WD54 Tabasco WOW „Geliebt in aller Welt.“). Ferner finden sich im Korpus die folgenden rhetorischen Stilmittel: Reime (z.B. #WD24 Le Gruyère „ein leckeres Stück vom Glück“, #WE5 Castello The Taste of Christmas “a jar of runny honey”), eine Anspielung (#WD52 Tabasco „Some like it hot“ (Anspielung auf den gleichnamigen Film von Billy Wilder)), Anglizismen (z.B. #WD1 De’ Longhi Vollautomat „state of the art“, „better everyday“), rhetorische Fragen (#WD43 Febreze „Wünschen Sie sich manchmal, Ihr Wohnzimmer einfach in die Waschmaschine stecken zu können?“) und Metaphern (z.B. #WD8 Grana Padano Käsebällchen „Er ist der König der Küche.“; #WE26 Lenor “It’s my haven.”), Wortspiele (z.B. #WD2 De’ Longhi Vollautomat Primadonna exclusive „ ‘PrimaDonna Exclusive’ hat auch eine Schokoladenseite“, #WE24 Flora pro active “(…) even the smallest community can make a big difference.”) und Polysemie (#WD3 Chivas Regal „Wer eine Runde spendiert, wird von jeder Runde verstanden.“). Des Weiteren wurde in einer Anzeige ein themenfremdes Lexem verwendet (#WD33 Lindt Excellence „So entsteht eine Sinfonie aus über 400 Aromen (…).“).

In den deutschen Anzeigen wird bei einer direkten Ansprache des Lesers ausschließlich die Höflichkeitsform des Personalpronomens („Sie“, „Ihnen“) oder des Possesivpronomens („Ihr“, „Ihren“) verwendet (z.B. #WD35 Becel). Da die englische Sprache diese Differenzierung im Neuenglischen nicht mehr besitzt, wird eine besondere Höflichkeit gegenüber dem Leser nicht durch Pronomen ausgedrückt. Solche rhetorischen Stilmittel tragen wesentlich zur „Effektierung der Behaltensfunktion (MEMORISE)“ bei (Stöckl 1997: 71). Weit weniger häufig als die Attraktivmachung des Textes weist das Korpus die Funktionen der „Sicherung und Optimierung der Verständlichkeit (COMPREHEND)“ (ebd.,72) (z.B. #WD2 De’ Longhi Vollautomat Primadonna exclusive), der „Ablenkung des Rezipienten von der eigentlichen persuasiven Technik (DISTRACT)“ (ebd., 74) (z.B. #WE25 Bosch; Ablenkung durch Humor), der „Vorstellungsaktivierung (IMAGINE)“ (ebd., 74) (z.B.#WD15 – 17, #WD21, #WE9, #WE10, #WE12 die Kenwood-Kampagne) und der „Erhöhung der Akzeptanz des dargestellten Sachverhalts (YIELD)“ (ebd., 72) (z.B. #WE37 Tefal; Akzeptanz durch „Autoritätsbeweis“ (Stöckl 1997: 73) bzw. Expertenempfehlung) auf. In Hinsicht der letztgenannten Funktion fällt auf, dass die Expertenempfehlung durch Testimonials, in diesem Fall populäre Fernsehköche (#WE37 Tefal Jamie

Oliver, #WD20 Kenwood Johann Lafer), oder durch unbekanntere Experten (#WE4 Castello The Taste of Christmas, Ronnie Murray, Head Pastry Chef for Hix Restaurants) erfolgen kann. Ferner vermittelt die grafische Gestaltung durch Aufzählungszeichen, dass Fakten aufgelistet werden (#WD7, #WD10 Grana Padano).

Die Analyse der Bild-Text-Verknüpfung, die der letzte Schritt im Analysemodell nach H. Stöckl ist, wies nach, dass es zwei Grundtypen von Werbeanzeigen innerhalb des Korpus gibt: Bei dem ersten Typ wird der Fokus auf das Werbebild gelegt. Es werden wenige Informationen genannt und auf weitere Kontaktmöglichkeiten und Informationsquellen verwiesen. Der Textanteil beträgt gegenüber dem Bildanteil ca. 10-20 % der Anzeigenfläche (z.B. #WE36 Onken). Der zweite Typus hingegen löst sich von der linearen Textstruktur für Werbetexte und ergänzt den Werbetext mithilfe von verschiedenen zusätzlichen Informationen.[52] Der Textanteil ist bei diesem Typus wesentlich höher und kann sogar überwiegen (z.B. #WD13 Maille). Zur Sicherung, dass wichtige Aussagen oder Begriffe im ausführlichen Werbetext wahrgenommen werden, nutzen die Werber einen Fettdruck dieser Passagen (#WD26 laktosefreier Käse), der mitunter auch farbig ist (#WE27 Flora Cuisine, im Original dunkelgrün). Bei diesem Typus wird häufiger eine Abfolge kleinerer Bilder genutzt, um Teilschritte eines Rezeptes (z.B. #WD15 Kenwood) oder einer Bedienungsanleitung (z.B. #WD19 Kenwood) visuell zu erklären. Die Werbebilder illustrieren überwiegend den Text. Selten findet sich eine Merkmalsübertragung, die nicht explizit im Text genannt wurde (#WD37 Lenor, Feder als Symbol der Weichheit). Die Tabasco-Kampagne (#WD54-#WD55 Tabasco) sind durch eine Vermischung von Text und Bild gekennzeichnet, sodass abgebildete Lebensmittel Buchstaben bilden. Der Anteil der zentral positionierten Bilder und der Bilder, die gemäß des ‚visual emphasis' platziert sind, ist, ebenso wie der Anteil der statischen und dynamischen Bilder, ausgeglichen. Die Platzierung der Werbeanzeige #WD14 der Senfmarke Maille ist besonders gut gewählt, da sie am Seitenrand eines Rezeptes steht, das Senf als Zutat auflistet. Die Werbebilder sind im Original ausschließlich farbig und gemäß der auf Perfektion bedachten Ästhetik der Werbefotografie überwiegend als real einzuordnen, wenngleich es Zeichnungen

---

52 Siehe Seite 88.

(#WD7-10 personifizierte Käsefigur, #WE23 gezeichnetes Kind) und unnatürliche Effekte (#WE29 Dampf des Kellogs-Porridges bildet ein Herz) gibt. Die Werbeanzeige #WE24 Flora pro active fällt in diesem Zusammenhang besonders auf, da sie bewusst werbeuntypische, „durchschnittliche“ Menschen abbildet, mit denen sich der Anzeigenleser identifizieren soll. Des Weiteren beinhaltet das Korpus der Printanzeigen ausschließlich positive Bilder. Negative Bilder wären in Werbeanzeigen der Thematik Küche und Haushalt prinzipiell jedoch denkbar, z.B. bei einem antibakteriellen Haushaltreiniger.

Vier weitere Feststellungen lassen sich in Hinsicht auf das Printanzeigenkorpus treffen: Die meisten Werbeanzeigen aus beiden Nationen verweisen auf ihre Internetpräsenz oder genauer gesagt ihre Homepage und Facebookseite. Nur wenige Anzeigen nennen diese Informations- und Kontaktseiten nicht (z.B. #WD35 Becel). In englischen Werbeanzeigen wird sehr häufig eine Telefonnummer genannt (z.B. #WE1 De' Longhi Vollautomat), was in deutschen Werbeanzeigen generell unüblich ist. Lexikalisch zeigt sich, dass viele Nomen und Verben den Wortfeldern „Genuss“ (z.B. #WE20 Ferrero “Enjoy the unique tastes of Ferrero's creamy fillings abd crunchy wafers…”, #WD27 Lavazza „Perfekter Genuss mit Stil“) und „Erleben“ (z.B. #WD1 De' Longhi Vollautomat „(…), um bei Ihnen Zuhause ein echt italienisches Kaffee-Erlebnis zu schaffen.“) zuzuordnen sind.[53]

Des Weiteren bedienen sich Werbeanzeigen aus dem Bereich Küche und Haushalt zweier „Leitmotive“: Der Begriff der „Familie“ wird entweder explizit genannt (z.B. #WE23 Flora buttery) oder implizit abgebildet (z.B. #WD29 Galbani Mascarpone). Dabei zeigt sich, dass das Bild der Mutter häufiger genannt wird (z.B. #WD29 Galbani Mascarpone, #WD24 Le Gruyère), was möglicherweise mit dem traditionellen Bild der Mutter als Köchin und Hausfrau zusammenhängt. Das Bild des Vaters wird nur einmal in einer Anzeige genannt, die ein Rezept eines gegrillten Hähnchens abbildet und klischeebesetzte Attribute eines Familienvaters wie Hausschuhe, einer TV-Fernbedienung und die Zeitung zeigt. Diese Anzeige spielt gleichermaßen auf stereotype Vorstellungen an (#WE27 Flora Cuisine). Neben dem Bild der Familie nutzt die Produktwerbung des Korpus verschiedene Idyllen und Klischees. So werden die Werbeanzeigen

[53] Siehe dazu Seite 36.

für Schweizer Käse mit idyllischen Berglandschaften (z.B. #WD25 Le Gruyère) und italienischer Kaffee mit klischeehaft dargestellten Szenen (#WD27 Lavazza) beworben. Stereotype in den Werbeanzeigen werden idealisiert oder humoristisch überspitzt dargestellt: Die englische Printanzeige für Bosch-Spülmaschinen zeigt einen fiktiven deutschen Ingenieur Karl, der auf für Deutsche stereotypisch nüchterne und humorlose Art die Vorzüge der Spülmaschinen benennt (#WE25 Bosch).[54]

4.2 Die Ergebnisse der Onlinewerbungsanalyse

Die Onlinewerbung des Korpus verweist in gleichem Maße auf die Printanzeigen, wie diese auf Firmenhomepages und Social-Media-Seiten. So werden ähnliche Bildmotive auf den Homepages gezeigt, Werbeslogans und zentrale Aussagen werden im gleichen Wortlaut der Printanzeigen wiedergegeben (z.B. #WD3 De' Longhi „state of the art") und aktuelle oder vergangene Werbeanzeigen sind gelegentlich auf den Homepages zu finden. Werbekampagnen werden demnach „ganzheitlich" konzipiert und an die jeweiligen Eigenheiten eines Mediums angepasst. Die starke Vernetzung zwischen den Medien zeigt sich auch in den unterhaltsamen, kleinen Werbefilmen, die einige Unternehmen auf ihren Homepages hochladen (z.B. #WE28 Online Bosch; der Ingenieur Karl erläutert in kürzeren Filmen die Vorzüge der verschiedenen Boschelektrogeräte) oder bestimmten Apps, die sich der Internetnutzer auf sein Smartphone laden kann (z.B. die Rezepteapp aus der Werbung #WE33 Online Kenwood). Die in 4.1 genannten drei Grundansätze der Werber finden sich ebenfalls im Korpus

54 Die englische Werbekampagne geht sogar noch einen Schritt weiter, indem seit dem 21. Dezember 2012 für ihr fiktives Testimonial ein eigenes Facebookprofil unter den Namen „Karl, the Bosch engineer" erstellt wurde. Der Internetseite zufolge ist Karl "a fictional character (although based on an employee of Bosch Home UK) [who] (...) has been created to communicate our Bosch product benefits" (Web 21). Die Seite suggeriert, dass es sich bei Karl um eine wirkliche Person handelt und zeigt z.B. ein fiktives Kinderbild. Deutsche Fremdlexeme wie „Mutti", „Frau Karl" und „der kleine Ingenieur" werden vereinzelt verwendet. Boschmitarbeiter beantworten Kundenkommentare durch die Figur des Karls, wie folgender, der Facebookseite entnommener Dialogausschnitt veranschaulicht:
"Martin Edwards: Why does it take a week for a Bosch Engineer to come a fix a washing machine?"
"Karl, the Bosch engineer: Hi Martin, I believe my colleagues have been in contact regarding your complaint. Has everything been sorted now? Thanks, Karl" (ebd.).

der Onlinewerbung wieder, sodass der vierte Grundansatz, demzufolge Werber eine Anzeige oder eine Kampagne in einfachem Englisch konzipieren und sie unverändert in allen Zielländern lanciert, nicht innerhalb des Korpus auftritt. Die Auswertung der Fremdlexeme legt die Vermutung nahe, dass der Themenbereich Haushalt und Küche für diesen vierten Grundansatz weniger geeignet ist. So zeigt sich, dass vor allem mithilfe von Fremdlexemen regionale Spezialitäten beworben werden, selbst wenn muttersprachliche Äquivalente für sie existieren. Die Onlinewerbung #WE44 Online Le Gruyère verdeutlicht dies, sodass hinter den französischen Fachtermini der Käseherstellung die englische Entsprechung in Klammern gesetzt wurde (z.B. "Affinage (Maturation) in cellars" oder "affineurs (maturers)"). Selbst englische Fachtermini werden durch die französischen ergänzt (z.B. "(...) big knives called "cheese harps" (tranche-caillé)"). Terminologischen Lücken werden durch diese Ergänzungen folglich nicht geschlossen. Es ist wahrscheinlicher, dass das „Kolorit" der in diesem Fall französisch-schweizerischen Kultur in der Werbung wiedergegeben wird. In einer rein englischsprachigen Version könnte dies für das oben benannte Produkt nur auf ikonischer Ebene erfolgen. Eine Ausnahme wäre diesbezüglich natürlich ein britisches oder amerikanisches Produkt, das im Ausland beworben wird. In diesem Fall würde ein ausschließlich englischsprachiger Werbetext sehr wohl das Kolorit des jeweiligen Landes wiedergeben.

Selbst bei einfachen englischen Texten besteht jedoch immer die Gefahr, dass sie für Nicht-Muttersprachler miss- oder unverständlich sind.[55] Innerhalb der Thematik Haushalt und Küche wäre eine Werbung gemäß des vierten Grundansatzes bei Elektrogeräten denkbar, doch auch bei ihnen ist die Tendenz erkennbar, dass das Herstellungs- oder Produktionsland mithilfe einzelner Fremdlexemen betont wird, vor allem, wenn ein solches Land in Hinsicht auf das beworbene Produkt eine hohe Reputation genießt (z.B. #WE4 Online De' Longhi "milk crema", #WE29 Online Bosch "an über-efficient Bosch dishwasher").

Die Onlinewerbung #WE25 und #WD25 Online Kikkoman entsprechen beispielsweise dem ersten Grundansatz, demzufolge eine Werbeanzeige in die jeweilige Zielsprache übersetzt wird. Es wurden nur weniger Veränderungen bei

[55] Siehe Seite 66f.

der Übersetzung vorgenommen, sodass das englische "meals" in der deutschen Version mit „Dinner“ übersetzt und das Bundesland „Nordrhein-Westfalen“ in der deutschen Onlinewerbung zu „NRW“ abgekürzt wurde, da es für Muttersprachler keiner Erklärung der Abkürzung bedarf. Die Onlinewerbung #WD32 Online Lindt stellt jedoch innerhalb des Korpus ein Negativbeispiel dieses Grundansatzes dar. Wenngleich es sich bei dem Schokoladenhersteller Lindt um ein deutschsprachiges Unternehmen handelt, wurde die Einführung in die Wein- und Schokoladendegustation offenbar aus dem Englischen übersetzt. Der Stil wirkt trotz grammatikalischer Korrektheit im Deutschen befremdlich (z.B. „Viele Leute sind der Ansicht, dass Schokolade und Wein nicht zusammenpassen.“; „Oder Sie starten Ihr eigenes Abenteuer (...).“; „(...) schmeckt diese Tafel (...) nur ganz wenig süß.“). Die englische Version dieser Homepage wirkt hingegen stimmig, wie die entsprechenden englischen Abschnitte der obengenannten Beispiele belegen: "Many people are of the opinion that chocolate and wine do not belong together (...)."; "Or you can start your own adventure (...)."; "(...) this bar tastes (...) not very sweet."). Diese Onlinewerbung verdeutlicht, dass Übersetzungen an muttersprachliche Strukturen angepasst werden müssen, um nicht negativ aufzufallen. So ergab die Korpusanalyse beispielsweise, dass in deutschen Werbeanzeigen oft eine direkte Ansprache des potentiellen Konsumentens vermieden wird (z.B. #WD4 Online De' Longhi), wohingegen die englischen Werbeanzeigen mit hoher Frequenz Personaldeixis verwenden (z.B. #WE4 Online De' Longhi). Ferner finden sich bei den Übersetzungen auch Wortklassenwechsel, die den Zieltext „muttersprachlicher“ klingen lassen. Die Formulierung "Meticulously blended by Master Blender Colin Scott, (...)." (#WE7 Online Chivas Regal) wurde z.B. in der deutschen Version (#WD8 Online Chivas Regal) mit „Unser Master Blender Colin Scott hat in einem akribischen Herstellungsprozess (...).“ übersetzt. Dieser erste Grundansatz ist bei Onlinewerbung sehr häufig vertreten, da viele Homepages übersetzt werden.

Der zweite Grundansatz besteht darin, dass nur geringe Anpassungen bei inhaltlich ähnlicher Werbung vorgenommen werden. Wurde bei Printanzeigen vor allem das Bildmaterial variiert und der Body-Copy übersetzt, so zeigen sich in Hinsicht auf die Onlinewerbung, dass Passagen in der Übersetzung bewusst ausgelassen oder hinzugefügt wurden. In der deutschsprachigen Werbung für walisisches Lammfleisch (#WD18- #WD21 Online Walisisches Lamm) beispielsweise wird ausschließlich für Lammfleisch geworben. Die englischsprachige Werbung erweitert die Formulierung jedoch zu "Welsh Lamb and Welsh Beef". Möglicherweise könnte diese Weglassung auf Bedenken der deutschen Konsumenten gegenüber britischem Rindfleisch vor dem Hintergrund der BSE-Skandale der 1990er Jahre oder einer generellen Hinwendung zu regional produzierten Fleischwaren zurückzuführen sein. In der Werbung #WD21 Online Walisisches Lamm wird z.B. das Tätigkeitsfeld der „Hybu Cig Cymru - Meat Promotion Wales (HCC)“ erläutert, da diese Körperschaft für deutsche Leser unbekannt sein dürfte. Die Werbung #WD26 Online Kikkoman nutzt eine Paraphrase, um den Begriff „Non-GMO Soja“ zu erläutern und führt zusätzlich die Testergebnisse der Stiftung Warentest und das Qualitätssiegel des SGS Instituts Fresenius auf. Diese Qualitätsauszeichnungen sind nur für ein deutsches Zielpublikum relevant, da die genannten Institutionen in Deutschland ein hohes Ansehen genießen.

Die Gestaltung unterschiedlicher Werbekampagnen für die verschiedenen Länder, was dem dritten Grundansatz entspricht, wurde bei den Boschkampagnen #WE27-29 Online Bosch und #WD27-29 Online Bosch befolgt, da die humoristische und stereotypische Darstellung des Ingenieurs Karl für ein deutsches Zielpublikum nicht dieselbe Wirkung erzielen würde. Des Weiteren ergab die Analyse des deutschsprachigen Korpus, dass Werbung für Elektrogeräte tendenziell nüchterner und detailgenau beschrieben wird.[56] Analog zur Printwerbung wird die Onlinewerbung ebenfalls kulturell, saisonal und zielgruppengerecht angepasst. Die kulturelle Anpassung lässt sich vornehmlich an der Nennung oder Darstellung britischer Gerichte (#WE2 Online Tabasco "minced beef", "pies", "stews"; #WE22 Online Becel "morning toast", "lunchtime sandwiches") sowie der Verwendung eines britischen Maßsystems und eines bevorzugten Zählsystems (#WE1 Online Tabasco "100 miles“, #WE24 Online Becel Cholesterinwertangabe in mmol/L (Mol)) erkennen. Die Werbung #WD24 Online Becel nutzt die Darstellung in mg/dl für die Wiedergabe des Cholesterinwertes. Ferner entspricht die Fotografie der Werbung #WD22 Online Becel eher einem typisch deutschem Frühstück mit Graubrot und Müsli. Eine Ausnahme

[56] Siehe dazu Seite 93f.

innerhalb des Korpus stellt die Werbung #WE44 Online Le Gruyère dar, da die Temperaturangaben für die Käseherstellung zusätzlich zu den Grad-Celsius-Angaben in Fahrenheit angegeben werden und amerikanisches Englisch gewählt wurde (z.B. "a full-flavored and aromatic taste"). Die restliche Onlinewerbung wurde in britischem Englisch verfasst (z.B. #WE18 Online Walisisches Lamm "abattoir", #WE3-WE4 Online De' Longhi "colour", #WE7 Online Chivas Regal "depth of flavours"). Da hauptsächlich europäische Marken analysiert wurden, liegt die Vermutung nahe, dass das traditionell in diesem Gebiet vorherrschende britische Englisch für die Werbung bevorzugt wurde. Die obengenannten Abweichungen auf lexikalischer Ebene zwischen den beiden Varietäten sind aber für britische und amerikanische Muttersprachler verständlich. Die zusätzliche Angabe in Fahrenheit gestaltet eine Homepage mit geringem Aufwand jedoch „internationaler".

Dieselbe Problematik besteht ebenso für die deutschsprachigen Länder. Die Werbung #WD2 Online Tabasco wirbt für einen Grillwettbewerb, der sich ausschließlich an österreichische Konsumenten und Teilnehmer richtet. Diese Werbung wurde zielgruppengerecht konzipiert, sodass die Zielgruppe der jungen Köche bis 22 Jahre geduzt wird und einige Formulierungen auf Austriazismen schließen lassen (z.B. „Also, ran an den Griller!"; „Anmeldungsschlusstag"). Ferner wird das Anredepronomen „du" im Textverlauf ausschließlich großgeschrieben, was gemäß Duden Online für diese Textsorte im bundesrepublikanischen Deutsch unüblich ist: „Nicht großgeschrieben wird [das Anredepronomen du] auch in Werbeanzeigen bzw. -plakaten, Editorials von Jugendzeitschriften oder in Fragebogen (z.B. bei schriftlich fixierten Prüfungsfragen), da es sich hier jeweils nicht um eine persönliche Anrede handelt" (Web 13). Die oben beschriebene Problematik ist typisch für Onlinemedien, da sie eine größere heterogene Zielgruppe erreichen. Printmedien können für gewöhnlich eigens auf ihre Zielgruppe angepasste Werbung verbreiten. M. Snell-Hornby fordert hingegen für sämtliche Werbeformen, dass „[a]uch innerhalb einer Sprachgruppe (...) zwischen den Zielmärkten (wie z.B. Deutsch für Deutschland, die Schweiz oder Österreich) unterschieden werden [muss]" (Snell-Hornby 1999: 239).

Die saisonale Anpassung der Werbung zeigt sich im Vergleich zur Printwerbung in geringerem Maße. Die besonderen Anlässe werden oft nur beiläufig erwähnt (z.B. Weihnachten in der Onlinewerbung #WE10 Online Grana Padano "If you're starting to stock up for Christmas, (...)"; #WE13 Online Grana Padano "(...) and that wedges of the cheese make a lovely addition to Christmas hamper."; #WE32 Online Lindt "(...) a special Christmas edition."). Die geringere saisonale Anpassung der Onlinewerbung könnte damit erklärt werden, dass Homepageinhalte häufig über längere Zeit bestehen bleiben, bevor sie aktualisiert werden. So wirbt die Gesellschaft Pink Lady Europe beispielsweise noch im August mit ihrem Pink-Lady-Apfel als Ergänzung zum Valentinstagblumenstrauß (#WD50 Online Pink Lady „Seither ist Pink Lady als Symbol der Verführung untrennbar mit dem Valentinstag verbunden."). Die Onlinewerbung wird ebenso wie die Printwerbung an bestimmte Zielgruppen angepasst, was bei einigen Beispielen des Korpus besonders deutlich wird: Die Werbung #WD12 Online Grana Padano richtet sich an jüngere Frauen. Der Werbetext weist viele englische und italienische Fremdlexeme auf (z.B. „Italian Style", „Upgrading", „Must-have", „Piccolo Amore", „La Storia") und das Rezept wurde passend zum Thema „Grana Padano als Partysnack" ausgewählt. Eine jüngere Zielgruppe kann auch durch neue Werbeformen angesprochen werden, wie die Werbung #WE49 Online Onken verdeutlicht: Der Werbetext präsentiert eine limitierte Auflage eines Joghurts, der per Crowdsourcing[57] von einer Facebooknutzerin kreiert wurde. Die Einbindung des Kundens in die Neuentwicklung eines Produktes spart dem Unternehmen nicht nur Kosten, sondern es kann gezielt auf die Konsumentenwünsche eingehen. Solche Werbeformen sorgen für Aufmerksamkeit, Abwechslung und die limitierte Auflage kann zudem als ein „Probelauf" angesehen werden, bevor das Produkt gegebenenfalls ins Standardsortiment aufgenommen wird. Die Werbung #WD51 Online Pink Lady hingegen richtet sich bewusst mit ihrer Sorte kleinerer Äpfel an Kinder. Durch die Kooperation mit dem Disneykonzern erscheint die Figur Micky Mouse auf den Verpackungen und spricht dadurch besonders Kinder an. Beide Unternehmen erzielen mit-

[57] Der Begriff Crowdsourcing bedeutet „(...) die Auslagerung von Aufgaben oder Projekten aus dem Unternehmen an eine Gruppe von Internetnutzern. [...] Das Unternehmen greift durch die Entscheidung für Crowdsourcing auf die verschiedenen Kompetenzen und Ideen der Mitglieder der Crowd zurück und kann hierbei auch noch Geld sparen. Die Aufgabenbereiche sind breit gefächert – sie reichen beispielsweise vom Verfassen von Artikeln über das Mitgestalten neuer Produkte bis hin zu Beteiligungen an Forschungen oder Projekten" (Web 25).

hilfe der vordergründig als Werbung für gesunde Ernährung präsentierten Kooperation einen Imagezuwachs.

Das Onlinewerbungskorpus weist noch weitere Kooperationen auf: Die Werbung #WE29 Online Bosch ist durch eine Kooperation zwischen dem Elektrogerätehersteller Bosch und dem Geschirrspülmittelhersteller Finish gekennzeichnet, was zu einer gesteigerten Glaubwürdigkeit für beide Produkte führt. Andere Kooperationen dienen dazu, eine neue Zielgruppe mittels bestimmter Aktionen zu erreichen (z.B. #WD23 Online Kenwood Kooperation zwischen Kenwood und der Frauenzeitschrift Freundin; #WE43 Online McCain Kooperation zwischen McCain und der englischen Soap Opera „Emmerdale“).

Die von H. Stöckl angeführte lineare Textstruktur findet sich in der Onlinewerbung in Reinform nicht wieder, da sie durch verschiedene Zusatzinformationen ergänzt wird. Zu diesen Zusatzinformationen zählen u.a. Empfehlungen (z.B. Weinempfehlungen in der Werbung #WD11 Online Grana Padano und Kombinationsmöglichkeiten in der Werbung #WE10 Online Grana Padano), Experteninterviews (#WD23 Online Becel), Verweise (#WE5 Online De' Longhi), Zitate von Gewinnspielgewinnerinnen (#WD36 Online Kenwood) oder indirekte Zitate von Institutionen (#WE23 Online Becel; Zitat der WHO), Studien und Qualitätskontrollen (#WE22 Online Becel, #WE10 Online Grana Padano), Händlersuchen (#WD27 Online Bosch) und Frageformulare (#WE28 Online Bosch). Stilistisch werden die Informationen häufig in Form von Aufzählungen und Listen (z.B. #WE1-#WE2 Online Tabasco, #WD4-6 Online De' Longhi) sowie stichpunktartig (z.B. #WD7 Online Chivas Regal) präsentiert. Neben der jeweiligen produktpräsentierenden Werbung finden sich auf den Homepages auch andere Textsorten, wie beispielsweise Berichte über die Geschichte eines Unternehmens (z.B. #WD41 Online Maille), persönliche Erfahrungsberichte (#WE24 Online Becel) und Glossare (#WD47 bzw. #WE47 Online Le Gruyère).

In Hinsicht auf die Textkonfiguration zeigt sich, dass bei der Onlinewerbung das narrative Muster (z.B. #WE1 Online Tabasco, #WD9 Online Chivas Regal) und das Beweisführungsmuster (z.B. #WE2 Online Tabasco, #WE9 Online Chivas Regal) vorherrschend sind. Die anderen Textkonfigurationen treten nur vereinzelt auf wie z.B. das methodeillustrierende Muster (#WD3 Online De'

Longhi) oder das Problemlösungsmuster (#WE15 Online Lavazza). Ferner weisen einige Texte eine Frage-Antwort-Struktur auf, wie z.B. #WD2 Online Tabasco oder #WE50 Online Pink Lady. Der Vorteil dieser Strukturierung besteht darin, dass Interessenten ihre Frage schnell und übersichtlich beantwortet finden. Auf syntaktischer Ebene werden die Argumentationsstruktur "not only..., but also" (z.B. #WE7 Online Chivas Regal; #WE27 Online Bosch) sowie Bedingungssätze (z.B. #WE16 Online Lavazza; #WE20 Online Walisisches Lamm) häufig verwendet.

Die Funktionen des Modells des persuasiven Prozesses, die überwiegend in der analysierten Onlinewerbung vorkommen, sind die „Attraktivmachung des Textes (ATTENTION und PLEASE)" (Stöckl 1997: 71, 75), die „Ablenkung des Rezipienten von der eigentlichen persuasiven Technik (DISTRACT)" (ebd., 74) und die „Sicherung und Optimierung der Verständlichkeit (COMPREHEND)" (ebd., 72). Zur erstgenannten Funktion zählen die rhetorischen Mittel, die zudem die „Effektierung der Behaltensfunktion (MEMORISE)" fördern (ebd., 71). Im Vergleich zur Printwerbung konnte festgestellt werden, dass Onlinewerbung eine Vielzahl rhetorischer Mittel nutzt, die Printwerbung jedoch verhältnismäßig mehr rhetorische Mittel bei einer geringeren Textlänge aufweist. Die Ursache für diese Diskrepanz liegt in den unterschiedlichen sekundären Funktionen der Werbemittel.[58] Zu den rhetorischen Mitteln des Onlinewerbungskorpus zählen: Sonderzeichen (z.B. #WD2 Online Tabasco „&"; #WE1 Online Tabasco "2nd"), Umgangssprache (z.B. #WE2 Online Tabasco "(...) give prawns some zing"; #WD15 Online Lavazza „(...) hat Kaffee von Lavazza aus dem Vollautomaten natürlich die Nase wieder ganz vorne."), rhetorische Fragen (z.B. #WD2 Online Tabasco „Worauf wartest du noch?"), Anaphern (z.B. #WE2 Online Tabasco "top Tabasco tips"; #WE5 Online De' Longhi "sleek stainless steel thermal carafe"), ein Paradoxon (#WE3 Online De' Longhi "The aroma of coffee through colour"), Metaphern (z.B. #WD9 Online Chivas Regal „(...) Aromen zu vermählen"; #WE7 Online Chivas Regal "elegance of flavours"), Onomatopoesie (z.B. #WE27 Online Bosch "Dishhh...washer"), Wortspiele (z.B.#WD28 Online Bosch „Sie glänzen auch im Ergebnis."; #WD29 Online Bosch „Glanz oder gar nicht"), Redewendungen (z.B. #WD3

[58] Siehe Seite 90.

Online De' Longhi „nach allen Regeln der Kunst"; #WD34 Online Kenwood „Damit ist es ein Kinderspiel, (...)."; #WE51 Online Pink Lady "the fruits of their labour"), Neologismen (z.B. #WD5 Online De' Longhi „Schokoladenfunktion"; #WD34 Online Kenwood „planetarisches Rührsystem"), einen Chiasmus (#WE19 Online Walisisches Lamm "(...) if you look after the environment, the environment will look after you."), Fachtermini (z.B. #WD28 Online Bosch „Glaskorrosion"; #WD6 Online Dolce Gusto „Sensor-Direktwahltasten"), Reime (z.B. #WE28 Online Bosch "your nearest and dearest"), Fremdlexeme (z.B. #WE13 Online Grana Padano „marteletto"; #WE15 Online Lavazza „cafetière"), einer Hyperbel (#WE11 Online Grana Padano "a thousand uses") und einem Vergleich (#WD16 Online Lavazza „wie vom Barista"). Auf syntaktischer Ebene finden sich viele Parataxen (z.B. #WE1 Online Tabasco "Avery Island welcomes more than 100,000 visitors a year."), Ellipsen (z.B. #WD1 Online Tabasco „Ein Muss für jeden Tabascoliebhaber") und Imperative (z.B. #WE6 Online Dolce Gusto "Flip the lever."). Des Weiteren enthält das Korpus eine literarische Anspielung (#WD41 Online Maille „Einer für alles"; Anspielung auf das Motto der drei Musketiere aus Alexandre Dumas gleichnamigen Roman: „Einer für alle, alle für einen!") und themenfremde Lexeme (z.B. #WD15 Online Lavazza „Klaviatur"; #WD10 Grana Padano „Komposition").

Die Funktion der „Ablenkung des Rezipienten von der eigentlichen persuasiven Technik (DISTRACT)" (ebd., 74) wird über interessante Fakten (z.B. #WE1 Online Tabasco), Gewinnspiele (z.B. #WD2 Online Tabasco), Humor (z.B. #WE27 Online Bosch) und ungewöhnliche Vergleiche (z.B. #WE27 Online Bosch) erzielt. Die Funktion der „Sicherung und Optimierung der Verständlichkeit (COMPREHEND)" (ebd., 72) wurde in den Onlinewerbungen #WE4 Online De' Longhi (detaillierte Erläuterung der Funktionsweise der Kaffeemaschine) oder in #WE12 Online Grana Padano (u.a. Erläuterung des Herstellungsprozesses) angewendet. Die „Vorstellungsaktivierung (IMAGINE)" (ebd., 74) tritt nur vereinzelt auf, wie z.B. in der Werbung #WD27 Online Bosch. In dieser Werbung regt jedoch nicht der Text, sondern das danebenstehende Bild eine Vorstellungsaktivierung an, da z.B. die Bambuszweige, die bekannt für ihr schnelles Wachstum sind, symbolisch für Effizienz stehen. Die „Erhöhung der Akzeptanz des dargestellten Sachverhalts (YIELD)" (ebd., 72) zeigt sich wiederum in der Akzeptanz durch „Autoritätsbeweis“ (ebd., 73) bzw. Expertenempfehlung (z.B. #WD23 Online Becel, ein Interview mit der Unilever Qualitätsmanagerin).

Im letzten Schritt gemäß dem Analysemodell nach H. Stöckl konnte festgestellt werden, dass der Textanteil im Verhältnis zum Bildanteil im Onlinewerbungskorpus wesentlich höher ist als der entsprechende Textanteil im Printwerbungskorpus. Die Bilder illustrieren überwiegend den Werbetext, sodass die Farbausführung (z.B. #WE3 Online De' Longhi) oder die Produktesorte (z.B. #WD16 Online Lavazza) veranschaulicht werden. Ferner finden sich viele Detailaufnahmen von Elektrogeräten oder Einzelschritten eines Herstellungsprozesses (z.B. #WD9 Online Chivas Regal). Einige Werbebilder für italienischen Käse erinnern in ihrer Ästhetik zudem an italienische Stillleben (#WE10 Online Grana Padano; #WE13 Online Grana Padano). Die Werbebilder sind bis auf wenige Ausnahmen (z.B. #WD12 Online Grana Padano) farbig. Diese Farbigkeit wird bewusst für die ganze Gestaltung der Internetseite genutzt. So wurde z.B. in der Werbung #WE1 Online Tabasco die Überschriften und der Rahmen in Rot gehalten, was an die Farbe der Sauce erinnert. Die Werbung der Marke Becel (#WE22-23 Online Becel; #WD22-23 Online Becel) weisen ebenso wie die symbolhaften Aufzählungszeichen der Werbung #WE40 Online Galbani einen grüne Gestaltung auf, was die gesundheitsfördernde Wirkung des Produktkonsums unterstreichen soll.[59] Einige Werbetexte, die besondere Detailinformationen zur Gesetzeslage der geschützten Ursprungsbezeichnung (#WD13 Online Grana Padano), zu Nährwerteigenschaften (#WD14 Online Grana Padano) oder der geschützten geographischen Angabe (#WE18 Online Walisisches Lamm, #WD18 Online Walisisches Lamm) erläutern, verzichten gänzlich auf Werbebilder. Die Werbebilder sind bis auf wenige Ausnahmen (z.B. #WD12 Online Grana Padano als dynamisches Bild; #WE27 Online Bosch als unwirkliches Bild einer Waschmaschine mit Kopfhörern) statisch und real. Einige Bilder des Onlinewerbungkorpus zeichnen sich durch eine besondere Ästhetik aus: Die Werbung #WD34 Online Kenwood erinnert an ein Schaubild aus einer Betriebsanleitung, die Werbung #WD42 Online Maille verwendet eine Collage und einen Zeitstrahl und die Werbebilder der Werbung #WE52 Online Nespresso spie-

[59] Siehe Seite 71f zur Wirkung der Farbe Grün in der Werbung.

len subtil auf die Wellenlinien eines Zen-Gartens an. Die Homepageaufteilung ist generell nicht von einer Bildplatzierung gemäß dem „visual emphasis“ gekennzeichnet, zumal der eigentliche Werbetext häufig von weiteren Links und Bildern eingerahmt wird. Im gesamten Korpus der Onlinewerbung werden ausschließlich positive Bilder genutzt, was im Sinne der Maxime, dass Werbung positive Emotionen auslösen soll, steht.[60] Die Onlinewerbung nutzt in gleichem Maße wie die Printwerbung den Wert der Familie (z.B. #WD27 Online Bosch „(…), wenn es einmal schnell gehen muss, z.B. auf Familienfeiern oder Geburtstagspartys.“; #WE38 Online Galbani “(…) the number one choice for Italian families (…).”) und das Versprechen von Genusserlebnissen (z.B. #WD33 Online Kenwood „die anspruchsvollen Genießerinnen“; #WE17 Online Lavazza “Enjoy authentic Italian coffee (…).”) zur Unterstützung der Werbebotschaft. Eine weitere Parallele zur Printwerbung besteht darin, dass die Beschreibung einer Idylle (#WE18 Online Walisisches Lamm; #WD18 Online Walisisches Lamm) und der Einsatz positiver Stereotype (z.B. #WE42 Online Maille spielt auf französische Eleganz an; #WE27 Online Bosch spielt auf deutsche Kompetenz im Technikbereich an) zu Werbezwecken gebraucht wird. Ein neuer Aspekt, der in der Printwerbung nicht präsent war, ist die Umweltfreundlichkeit der Produkte (z.B. #WD43 Online McCain „(…) unsere Verpackungen zu 45% aus nachwachsenden Rohstoffen (Zuckerrohr).“; #WE52 Online Nespresso “This means that the Nespresso capsule is infinitely recyclable.”).

Zusammengefasst lässt sich festhalten, dass zwischen den Korpora der Print- und Onlinewerbung beider Sprachen viele Parallelen existieren. So finden sich in ihnen die drei Grundansätze der Werber und die kulturelle, saisonale und zielgruppengerechte Anpassung wieder. Beide Korpora verzichten auf den vierten Grundansatz der Werber, da rein englischsprachige Texte das Kolorit des Herkunftslandes eines Lebensmittels, das nicht in den angelsächsischen Ländern produziert wurde, schlechter wiedergeben können. Die Print- und Onlinewerbung der Korpora weisen einen hohen Anteil an rhetorischen Mitteln auf und die Leitmotive der Familie und des Genusses werden in ihnen aufgegriffen. Die werbetechniktragende Textkonfiguration des Beweisführungsmusters ist am häufigsten vertreten. Beide Korpora verweisen mittels gleicher oder ähnlicher

---

[60] Siehe Seite 64.

Bilder und wiederholenden Phrasen und Slogans aufeinander, sowie auf andere Medien und Werbeplattformen des Unternehmens, wie z.B. Social-Media-Portalen und Apps. Die Werbebilder sind zudem fast immer real und farbig und illustrieren den Werbetext. Es werden ausschließlich positive Bilder abgebildet. Unterschiede bestehen vor allem in der sekundären Funktion der Werbeträger, sodass neben der primären Funktion der Werbung die Printwerbung Aufmerksamkeit erregen (ATTENTION) soll und die Onlinewerbung darüber hinaus zusätzliche Informationen bietet (COMPREHEND). Dies führt dazu, dass die Onlinewerbung häufig das narrative Muster aufweist. In der Onlinewerbung findet sich kein „visual emphasis" und die rhetorischen Mittel treten in Hinsicht auf die Textlänge mit geringerer Frequenz auf. Es zeigte sich, dass die Informationen und Werbetexte auf den Homepages länger verbleiben, sodass saisonale Anpassungen der Werbetexte gelegentlich nicht mehr aktuell sind. Probleme der Onlinewerbung liegen vor allem in der Ansprache größerer Sprachgemeinschaften und der starken Tendenz zur Übersetzung der Homepages vor. So treten innerhalb der Sprachgemeinschaften lexikalische Abweichungen auf, die jedoch nicht zu einem völligen Unverständnis des Inhaltes aufseiten der Zielgruppen führt. Übersetzungen sollten zudem an muttersprachliche Strukturen angepasst werden, um nicht negativ aufzufallen. Die vorliegende Korpusanalyse konnte das bereits im Jahr 1999 geäußerte Zitat von M. Snell-Hornby insgesamt verifizieren: „Obwohl einige Parallelen zwischen der deutschen und der englischen Werbesprache festzustellen sind (z.B. Bevorzugung einfacher Satzmuster, eines nominellen Stils sowie der Verwendung von Block-Sprache [Snell-Hornby 1992: 346], werden die spezifischen Eigenschaften der jeweiligen Sprache (z.B. Partizipalwendungen [En.] oder Kompositabildung [Dt.] voll ausgenutzt" (Snell-Hornby 1999: 239).

5. Die kulturellen Unterschiede der analysierten Werbung

> „Das Paradies, das wären ein französischer Koch, ein britischer Polizist, ein deutscher Manager und ein italienischer Liebhaber. Die Hölle, das sind ein britischer Koch, ein deutscher Polizist, ein italienischer Manager und ein französischer Liebhaber (Web 42)".

Der obenstehende Witz benennt gängige Stereotype verschiedener europäischer Nationen und verdeutlicht, dass eine Anspielung auf Stereotypen durchaus humorvoll und unterhaltend sein kann, solange eine gewisse Grenze nicht überschritten wird. Die britische Bosch-Kampagne (#WE25 Bosch Spülmaschine und #WE27-29 Online Bosch) greift beispielsweise das positive Stereotyp auf, das von einer großen technischen Kompetenz der Deutschen ausgeht, und vermag es durch das Testimonial des Karls humorvoll für ihre Werbebotschaft zu nutzen. Eine solche Kampagne wäre in Deutschland in diesem Bereich kaum vorstellbar, da sich in der Korpusanalyse die Tendenz abzeichnete, dass deutsche Werbung für Elektrogeräte vor allem auf die Funktionen und Testergebnisse eines Gerätes fokussiert ist (z.B. #WD36 Online Bosch Spülmaschine). So zeigte sich im Korpus, dass die englische Print- und Onlinewerbung teilweise auf europäische Gütesiegel verweist, innerhalb des deutschen Korpus es allerdings darüber hinaus drei inländische Qualitätsauszeichnungen gab: das SGS Institut Fresenius (#WD26 Online Kikkoman), die Stiftung Warentest (z.B. #WD27 Online Bosch) und das Siegel „Rach getest" (#WD38 Online Galbani; der Test fand im Zusammenarbeit mit dem SGS Institut Fresenius und dem Fernsehkoch Christian Rach statt). Dies verdeutlicht, dass für deutsche Konsumenten objektive Testergebnisse ein überzeugendes Kaufargument sind. Die Elektronikfachmärkte Saturn und Media Markt werben seit einigen Jahren ebenfalls mit humorvollerer Werbung für ihre Produkte, allerdings wenden sich die Kampagnen durch ihre Aufmachung eher an ein jüngeres Publikum und das Preisargument steht bei diesen Kampagnen klar im Vordergrund. Beide Unternehmen stehen für ihre Kampagnen und Werbeslogans wie „Geiz ist geil" zudem häufig in der Kritik.

Die Tendenz, dass britische Werbung nach Möglichkeit unterhalten will, zeigt sich auch am Beispiel der Printwerbung #WE36 Onken: Die Werbeanzeige bildet zwei Sorten Naturjoghurt ab und kommentiert dies mit der Headline "Born Good – Now do with it what you will". Dies spielt auf die Symbolik der weißen Farbe als Reinheit und Keuschheit an. Der ironische Zusatz "Now do with it what you will" wird schließlich im Body Copy mit den Worten "(...) create a mild & [sic] creamy taste that goes with anything" erläutert und in seinem Bedeutungsspektrum eingegrenzt. Die Printanzeige des Unternehmens an das deutsche Zielpublikum fällt weitaus weniger humorvoll aus (#WD50 Onken). Ein weiterer Beleg für diese Tendenz sind die Werbungen #WD10 Online Grana Padano und #WE10 Online Grana Padano: Dieses Beispiel verdeutlicht, dass dieselbe Information für die verschiedenen Länder anders aufbereitet wird. Die deutsche Textpassage lautet: „Genießen Sie ihn gehobelt, gerieben oder mundgerecht in Stücken. Mit Früchten, leckerem Brot und gutem Wein. Als Hauptgericht, Vorspeise oder zum Dessert." Die englische Werbung vermittelt die Information, dass Grana Padano zum Dessert gegessen werden kann, im Sinne der Funktion des „MEMORISE" wie folgt: "With a rich, full-bodied flavour, Grana Padano is delicious on pasta and pizza, but it also enhances many other hot and cold Italian dishes, from risotto to – believe it or not – ice cream." Die deutsche Werbung enthält diesen ungewöhnlichen Hinweis nicht, zumal das Dessert auch mit einer Käseauswahl assoziiert werden kann.

Neben der oben bereits genannten Vorliebe für objektive Bewertungen konnte im Korpus der deutschen Werbung eine Tendenz zur Genauigkeit festgestellt werden. Die englische Werbung #WE6 Online De' Longhi benutzt für ein technisches Bauteil seiner Kaffeemaschine den Begriff „mouse wheel". Ein „mouse wheel" bezeichnet eigentlich das bewegliche Rad eine Computermaus, was auf Deutsch „Scrollrad" oder „Mausrad" genannt wird. Es findet an dieser Stelle also eine Übertragung eines Begriffes aus einem anderen technischen Bereich statt, der für die Leser der Werbung bildhaft und bekannt ist. Die deutsche Werbung greift dies zugunsten der Genauigkeit nicht auf und bezeichnet dasselbe Bauteil als „Vario-Drehregler" (#WD10 Online De' Longhi). Assoziationen zur Computertechnik können somit vermieden werden. Assoziationen können auch Aufschluss über den kulturellen Hintergrund geben. Die Printwerbungen #WE10 Kenwood Rührmaschine Brownie und #WD17 Kenwood Rührmaschine Mousse au chocolat verdeutlichen dies exemplarisch. Im Stil der bereits erläuterten Kenwood-Kampagne[61] zeigen diese Printwerbungen Schokoladensplitter auf weißem Hintergrund. Da diese Werbekampagne eine Vorstellungsaktivierung (IMAGINE) bewirken will, ist die Auswahl der Rezepte, die die Werbung als mögliche Assoziationen zu den Schokoladensplittern vorgibt, interessant. Die englische Version betitelt das Werbebild mit „Brownie“ und nennt als alternative Vorschläge zudem „Mousse“ und „Fondant“. Es fällt auf, dass die erste Schokoladenspezialität aus der amerikanischen Küche stammt, die alternativen Vorschläge französischen Ursprungs sind, was sich auch an ihrer Lexik ablesen lässt. Im Deutschen würden die entsprechenden Desserts vermutlich ebenfalls mit der französischen Originalbezeichnung aufgeführt werden. Für das letztgenannte Dessert hat sich zudem die Paraphrase „Schokoladenkuchen mit flüssigem Kern“ etablieren können, da der Begriff „Fondant“ polysem ist und primär eine Zuckermasse oder Schmelzglasur bezeichnet. Die deutsche Version der Printanzeige betitelt das Werbebild hingegen mit „Mousse au chocolat“. Als weitere Assoziationen zu den Schokoladensplittern werden „Schokoladen-Tarte“, „Pralinen“ und „Schoko-Muffins“ aufgezählt. Zwei der genannten Desserts sind französischen Ursprungs und eines amerikanischen Ursprungs. Diese Aufzählungen verdeutlichen den großen Einfluss der französischen Küche und der amerikanischen Backtradition innerhalb Europas und die individuellen Vorlieben der jeweiligen Länder. So verwundert es nicht, dass es Übereinstimmungen zwischen den vorgegebenen Dessert-Assoziationen gibt. Es fällt jedoch auf, dass kein „typisch“ britisches oder deutsches Schokoladenrezept genannt wurde, was vermutlich auf die Popularität der französischen und amerikanischen Desserts zurückzuführen ist.

Die entsprechenden Kenwood-Printanzeigen zur Weihnachtszeit weisen jedoch eine stärkere kulturelle Anpassung auf, da das Weihnachtsfest trotz amerikanischer Einflüsse wie der Figur des Weihnachtsmannes kulturell sehr unterschiedlich gefeiert wird. Die deutsche Printwerbung #WD16 Kenwood Rührmaschine Christstollen bildet Mehl und zwei aufgeschlagene Eier ab. Sie wird mit „Christstollen“ betitelt und nennt als alternative Assoziationen „Vanillekipferl“, „Nussecken“ und „Zwiebelkuchen“. „Christstollen“ und „Vanillekipferln“ stellen dabei den saisonalen Bezug her, wohingegen es keinen spezifischen Zu-

[61] Siehe Seite 87f.

sammenhang zwischen den anderen Gebäcken und Weihnachten gibt. Die englische Variante zur Weihnachtszeit zeigt Mandeln mit der Überschrift „Bakewell tart“.[62] „Christmas pudding“[63] und „Macaroons“[64] werden als weitere Vorschläge genannt. Bakewell tart ist kein typischer Weihnachtspie, wenngleich es weihnachtliche Varianten gibt. Christmas pudding und Coconut Macaroons sind hingegen typisch für britische Weihnachten. Diese Kampagne verdeutlicht, dass das Wissen um kulturelle Traditionen und Vorlieben eines bestimmten Kulturkreises die Wirkung einer Werbung entscheidend potenzieren kann.

Ein weiterer Unterschied zwischen den Kulturen zeigt sich in der Realisierung der Höflichkeit in der Werbung. Die deutsche Werbung des Korpus nutzt bis auf eine Ausnahme das Pronomen „Sie“ als Anredeform. Die Ausnahme ist die bereits erwähnte Anzeige #WD2 Online Tabasco, die einen Grillwettbewerb für junge Köche ausschreibt, sodass die informelle Anrede an dieser Stelle als bewusstes Stilmittel angesehen werden kann. Die englische Sprache besitzt diese Differenzierung der Personalpronomen nicht mehr, die neben Höflichkeit auch eine Form von Distanz ausdrückt. Die englische Werbung hingegen zeigt sich in Hinblick auf ihre Zielgruppe sehr kunden- und serviceorientiert. Die Korpusanalyse ergab, dass englische Printwerbung mitunter eine Servicehotline aufführt (z.B. #WE1 De' Longhi; #WE15 Lavazza). In der deutschen Printwerbung des Korpus kommt dies nicht vor. Diese Abweichung kann damit begründet werden, dass die Aussicht für eine Information in eine Warteschleife umgeleitet zu werden eher abschreckend wirkt und eher bei konkreten Beschwerden angerufen wird. So wird in fast jeder Printanzeige auf die Firmenhomepage und gelegentlich auf die Facebookseite verwiesen. Die neue Technik der QR-Codes spart zudem das Eintippen der Internetadresse und bietet auch von unterwegs einen schnellen und bequemen Informationszugriff (z.B. #WE6 Grana Padano; #WD6 Grana Padano). Es kann an dieser Stelle nicht ermittelt werden, ob die

---

[62] Der Bakewell tart stammt ursprünglich aus dem gleichnamigen Bakewell in Derbyshire und bezeichnet “[a] baked open pie consisting of a pastry case lined with jam and filled with almond sponge cake” (Web 35).

[63] Wie der Name schon sagt, wird der Christmas Pudding zur Weihnachtszeit gegessen und ist “[a] rich boiled pudding eaten at Christmas, made with flour, suet, and dried fruit“ (Web 36).

[64] Das englische Macaroon, das Ähnlichkeit zur deutschen Makrone aufweist, ist “[a] light biscuit made with egg white, sugar, and ground almonds or coconut“ (Web 37).

britischen Konsumenten tatsächlich das Angebot der Telefonauskunft oder eher die Internetangebote nutzen. Da die Anzahl der Werbeanzeigen mit Servicehotline sehr gering ist, gilt letzteres als wahrscheinlicher. Die Serviceorientierung in der britischen Werbung wird zudem daran deutlich, dass einige Werbeanzeigen explizit eine oder mehrere Supermarktketten nennen, in denen das Produkt gekauft werden kann. Diesen Werbeanzeigen ist gemeinsam, dass sie limitierte Produkte oder Spezialitäten bewerben. Solch eine Kooperation bietet einen ökonomischen Vorteil für den Hersteller und den Supermarkt und erzeugt eine Atmosphäre der Exklusivität (z.B. #WE49 Online Onken "The big pots are launching exclusively to Tesco and you can find them in stores across the UK from 17th June 2014." ; #WE10 Online Grana Padano "To get hold of Grana Padano, try your local delicatessen, Waitrose, Marks & Spencer, Tesco, Sainsbury's or Harvey Nichols (which has its own, exclusive Grana Padano Riserva, which is aged for 23 months)."; #WE13 Online Grana Padano "It's available at all good supermarkets, including branches of Tesco and Waitrose. Harvey Nichols has selected its own Grana Padano Riserva."). Im deutschen Korpus findet sich gelegentlich der Hinweis auf einen Webshop (z.B. #WD1 Online Tabasco „Erhältlich im Lebensmittelhandel in Deutschland und Österreich sowie in unserem Web-Shop.").

Ferner verdeutlicht die Onlinewerbung #WE24 Online Becel bzw. #WD24 Online Becel, dass es aufseiten der deutschen Konsumenten wohl ein größeres Bedürfnis nach Anonymität im Internet gibt. So gibt die englische Konsumentin der Margarine Becel pro active, die in ihrer Erfolgsgeschichte über ihren gesunkenen Cholesterinwert berichtet, bereitwillig Auskunft über ihren vollständigen Namen, ihren Familienstand, die Anzahl ihrer Kinder, ihrem Wohnort, ihrem Beruf und ihr Alter. Auf der Homepage werden noch weitere Erfolgsgeschichten aufgeführt und es zeigt sich, dass die englischen Konsumenten in der Regel höchstens ein bis zwei Informationen wie den Familienstand oder den Beruf des Musterformulars auslassen. Auf der deutschen Homepage hingegen fehlt die Angabe des Wohnortes. Keiner der Konsumenten hat seinen Nachnamen angegeben. Es werden weitaus häufiger Informationen ausgelassen oder bewusst vage formuliert (z.B. die Konsumentin Petra bezeichnet ihren Beruf als „Bürojob" (Web 5) und die Verbraucherin Illona formuliert es schlicht als „halbtags berufstätig“ (Web 6)). Oft wird auch das Alter nicht genannt oder eine „0“ gesetzt. Der Rentner „Eugen-Peter“ durchbricht zudem das eigentliche Konzept der Werbung und stellt ein Schild mit seinem Cholesterinwert auf einen Stuhl, um nicht auf dem Bild abgebildet zu sein (vgl. Web 7). Hier zeigen sich deutliche Diskrepanzen zwischen den Kulturen in Hinsicht auf die Bereitschaft sich im Internet zu präsentieren. Es muss jedoch berücksichtigt werden, dass Cholesterinsenkung eher ein Thema für ältere Bevölkerungsschichten ist, was sich in den Altersangaben der Konsumenten beider Nationen widerspiegelt. Eine jüngere Zielgruppe hätte mit großer Wahrscheinlichkeit weniger Bedenken sich im Internet zu präsentieren, da es durch Social-Media-Plattformen bereits für viele zu einer Gewohnheit geworden ist. Nichtsdestotrotz spiegelt sich in dieser Beobachtung auch eine gesellschaftliche Tendenz ab, sodass z.B. das Vorhaben von Google Street View deutsche Straße digital zu erfassen und online abzubilden vor einigen Jahren zu breiten Protesten in der deutschen Bevölkerung führte wie T. Baumgärtel zusammenfasst:

> „In keinem anderen Land der Welt brach über Google so ein Sturm der Entrüstung herein wie in Deutschland. Nach Protesten aus der Bevölkerung ging das Unternehmen dazu über, seine Fahrten vorab anzukündigen. Mehr als 240.000 Menschen beantragten, dass die Fassaden ihrer Häuser im Netz verpixelt würden. Das waren zwar nur rund drei Prozent der von Google erfassten Haushalte. In der öffentlichen Wahrnehmung wurde aus Germany dennoch "Blurmany". 2011 brach Google die Digitalisierung Deutschlands ab“ (Web 4).

Dieses Bedürfnis nach Anonymität im Netz ist aufseiten der deutschen Bevölkerung eindeutig größer als aufseiten der britischen Bevölkerung, was für die kulturell adäquate Gestaltung von Onlinewerbung berücksichtigt werden muss.

6. Schlussbetrachtung

> „Denn vor allem in gesättigten Märkten herrscht Krieg unter den konkurrierenden Anbietern“ (Haubl 1992: 14).

Dieser Vergleich R. Haubl erscheint zunächst sehr drastisch. Eine Übersättigung am Warenangebot, auch im Lebensmittelbereich, lässt sich jedoch für die westliche Welt nicht abstreiten. Viele Unternehmer entscheiden sich dafür, ihre Produkte auch international zu vertreiben. Die Gründe für diesen Schritt sind beispielsweise, dass eine Expansion des Unternehmens angestrebt wird oder dass das Konkurrenzunternehmen expandiert und sich das Unternehmen dazu veranlasst fühlt, aus Wettbewerbsgründen ebenfalls zu expandieren. Des Weiteren sind die Löhne in anderen Ländern oft erheblich niedriger und der Austausch mit modernen Kommunikationsmitteln leichter geworden, was die Entscheidung zum Outsourcing begünstigt. Für die Werbeindustrie bedeutet das, dass sie ihre Kampagnen individuell anpassen muss (z.B. durch eine Reduktion des Textanteils in einem Land mit hoher Analphabetenrate). H. Hartmann stellte zudem bereits in den 1990er Jahren fest, dass „Werbung (...) zunehmend aggressiver [wird] und (...) eine moralische Norm nach der andern [bricht] (...)“ (Hartmann 1992: 282). Eines dieser extremen Fälle in der Werbegeschichte, in denen bewusst auf die Schockwirkung des Bildmotivs gesetzt wurde, ist die Benettonkampagne von 2007, die das magersüchtige französische Model Isabelle Caro als Akt präsentierte (Web 9). Solche Kampagnen führen zu der Frage, ob die „Autonomie des Ästhetischen“, wie R. Haubl es formuliert (Haubl 1992: 18), innerhalb der Werbung nicht auch ihre Grenzen hat. R. Haubl konstatiert jedoch, dass „(...) gerade dadurch, daß die Anzeigen Anlässe öffentlicher Empörung schaffen (...) sie werbewirksam [sind]“ (Haubl 1992: 14). Dieses Spannungsfeld, d. h. das Werbung einerseits eine große, heterogene und mitunter internationale Zielgruppe erreichen soll, der Geschmack andererseits, wie R. Haubl es zusammenfasst, „historisch-kulturell-gesellschaftlich bestimmt“ und zudem „inter-kulturell wie inter-individuell“ verschieden ist (Haubl 1992: 17), stellt sich für die internationale Werbung als problematisch dar.

Nach W. Wells, J. Burnett und S. Moriarty lässt sich die Problematik internationalisierter Werbeanzeigen, die in adaptierter Form weltweit lanciert werden, auf fünf Bereiche zusammenfassen: Der erste Problembereich stellt die Werbesprache dar. Englisch ist eine sehr ökonomische und exakte Sprache, die mit ihren „900.000" (Wells 1989: 575) Wörtern wenig Platz in Werbeanzeigen benötigt. Dies wird jedoch zum Problem, wenn eine Printanzeige gestalterisch für einen englischen Body-Copy konzipiert wurde, der als Grundlage für eine französische oder spanische Anzeige dient. Diese romanischen Sprachen benötigen ca. ein Drittel mehr Platz, um dieselbe Botschaft zu vermitteln. Im Deutschen ist dies ähnlich. Überschriften lassen sich häufig schwer identisch übertragen, da, wie W. Wells, J. Burnett und S. Moriarty ausführen: "Headlines in any language often involve a play on words, themes that are relevant to one country, or slang" (ebd., 575). Die Bilder können ebenfalls nicht immer direkt in einen anderen Kulturraum übertragen werden. Eine unterschwellige erotische Anspielung wie in dem Beispiel der Silk-Cut-Zigarettenwerbung[65] wäre im arabischen Kulturkreis undenkbar. Internationale Kampagnen werden aufgrund dieser Problematik nicht übersetzt, sondern von kompetenten, die Zielkultur kennenden Werbefachleuten umgeschrieben und adaptiert (vgl. ebd., 575).

Nichtsdestotrotz hoffen viele Unternehmen, dass sie „(...) dasselbe strategische Konzept samt Bildmaterial auf mehreren Märkten einsetzen (...) können" (Snell-Hornby 1999. 238). Die Analyse des Onlinewerbungskorpus zeigt zudem, dass in dieser Werbeform der Anteil der übersetzten Werbetexte sehr hoch ist. Diese Maßnahme verhindert wie im Beispiel der missglückten Waschmittelwerbung von Procter & Gamble[66], dass auch allgemein weniger bekannte, negativ konnotierte Botschaften übertragen werden. Nach W. Wells, J. Burnett und S. Moriarty würden vor allem bilinguale Werbetexter mit dieser Aufgabe betreut werden, da sie beide Kulturkreise kennen und in der Lage sind, die Essenz des Ausgangstextes zielkulturadäquat zu übertragen. Übersetzer werden diesbezüglich nicht eigens beauftragt. (Da die Kreativdirektoren mitunter der Zielsprache nicht mächtig sind, werden die übertragenen Werbetexte in die Ausgangssprache zurückübersetzt, damit für sie sichergestellt werden kann, dass die intendierte Botschaft auch enthalten ist). Die kulturelle Bedeutung oder Konnotationen können nie gänzlich überführt werden (vgl. ebd., 575) und eine mehrfache

[65] Siehe Anhang, Anzeige 2, Seite 133.
[66] Siehe Seite 24f.

Rückübersetzung kann zudem zu einer verfälschten Ursprungsbotschaft in der Ausgangssprache führen (vgl. ebd., 577). Es sollte jedoch in Bezug auf die Zielkultur beachtet werden, dass es zu manchen Themengebieten keine muttersprachlichen Äquivalenten gibt, sodass auf Englisch zurückgegriffen werden muss. Die Termini aus dem Bereich der Informationstechnologie oder der Werbesprache sind in fast jeder Sprache aus dem Englischen abgeleitet oder ein Anglizismus (ebd., 576). Einige Länder sind Anglizismen oder fremdsprachlichen Einflüssen gegenüber weniger offen (z.B. Frankreich), sodass deren Verwendung vermieden werden sollte. Im Französischen wurde beispielsweise der englische Ausdruck „weekend“ wortwörtlich in „fin de la semaine“ übersetzt, was jedoch die Essenz des englischen Wortes, also die konnotative Bedeutung, nicht ganz wiedergibt.

Der zweite Problembereich umfasst die Gesetzeslage des jeweiligen Landes, in der eine Werbekampagne lanciert werden soll. W. Wells, J. Burnett und S. Moriarty fassen dabei die Haltung der Werbefachleute diesbezüglich konzise zusammen: "International advertisers do not fear actual laws; they fear not knowing those laws" (ebd., 577). Das Hintergrundwissen um gesetzliche Rahmenbedingungen eines Landes ist unabdingbar, da eine erfolgreiche Kampagne in einem Land unter Umständen in einem anderen Land illegal ist (vgl. ebd., 577). W. Wells, J. Burnett und S. Moriarty nennen als dritten Problembereich die landestypischen Gebräuche. So zählt es beispielsweise in vielen Ländern zum schlechten Ton, wenn in einer Kampagne ein Konkurrenzunternehmen genannt oder darauf angespielt wird (vgl. ebd., 577). Da diese ungeschriebenen Gepflogenheiten subtil sind, können sie auch leichter missachtet werden.

Nach W. Wells, J. Burnett und S. Moriarty stellt Zeit als vierten Problembereich und den „Feind“ jeder internationaler Werbekampagne dar (ebd., 577). Die Kommunikation ist durch moderne, elektronische Kommunikationsmittel zwar schneller geworden, allerdings betonen W. Wells, J. Burnett und S. Moriarty: "No matter what the activity, it always seems to take longer in another country, even if that second country is the United States" (ebd., 578). Das obenstehende Zitat geht von einer bereits in Englisch verfassten Werbekampagne aus, sodass die „Übertragung" auf sprachlicher, nicht aber auf kultureller Ebene entfällt. Unter diesem Punkt fallen jedoch auch saisonale Kampagnen, die anlässlich von

Feiertagen oder jahreszeitlich bedingt konzipiert werden. Jedes Land besitzt zudem eigene landesspezifische Feiertage, die im Vorfeld eingeplant werden müssen.

In der reservierten Haltung der Kreativdirektoren gegenüber internationalen Kampagnen, die an eine Zielkultur angepasst werden sollen, sehen W. Wells, J. Burnett und S. Moriarty den letzten Problembereich. Die Bedenken der Kreativdirektoren sind nicht unbegründet, da es an Beispielen, bei denen eine Adaption misslang, nicht mangelt. Die Erfolgsquote ist dennoch zufriedenstellend: "Experience suggests the success rate in moving a winning campaign to another country is about 60 percent" (ebd., 578). Die Kreativdirektoren bevorzugen jedoch eine vor Ort entwickelte Werbekampagne. Die zunehmende Internationalisierung der Werbung bei großen Unternehmen erschwert bzw. unterbindet jedoch die Arbeit der lokalen Werbeabteilung der Tochterunternehmen. Es empfiehlt sich, die lokal adaptierte Version einer globalen Werbekampagne im Vorfeld an den entsprechenden Probanden zu testen. Internationale Werbekampagnen müssen immer auf einen allgemeinen Konsens ausgerichtet sein. W. Wells, J. Burnett und S. Moriarty raten dazu, dass die Werbeabteilungen vor Ort darum gebeten werden, eine solche Kampagne aus ihrer kulturellen Sicht heraus zu kommentieren und ggf. zu verbessern (vgl. ebd., 578). Nach W. Wells, J. Burnett und S. Moriarty sind solche global angelegten Kampagnen trotz der oben stehenden Komplikationen bereits Ende der 1980er Jahre ein Zukunftstrend: "Despite its complexities and difficulties, international advertising is growing and will continue to grow in an increasingly interconnected world economy" (Wells 1989: 278). Sie sollten mit dieser Prognose Recht behalten.

Weitere aktuelle Trends der Onlinewerbung sind z.B. Crowdsourcing[67] und virales Marketing. Virales Marketing bezeichnet ein „Konzept der Kommunikations- bzw. Vertriebspolitik im Marketing, das eine Vielzahl von Techniken und Methoden beinhaltet, die die Kunden animieren sollen, Werbekommunikation über Produkte und Dienstleistungen in elektronischer Form aus eigenen Stücken weiter zu verbreiten" (Web 48). Diese Form des Marketings erreicht besonders durch humorvolle Videowerbeclips, in denen die eigentliche Werbebotschaft im Sinne der Funktion DISTRACT nur beiläufig genannt wird, große Zielgruppen.

---

[67] Siehe Seite 98.

Ferner zeichnet sich die Tendenz ab, dass Kunden immer eingehender digital erfasst werden. Dies geschieht entweder auf freiwilliger Basis mithilfe von Kundenkarten oder auf unmerkbarer Basis durch das Datensammeln im Internet. Die anfängliche Annahme, dass die Beeinflussungsmechanismen zwischen den gewählten Ländern leicht variieren würden, kann durch die vorliegende Analyse verifiziert werden: Die britische Werbesprache ist besonders von einem verbalen Stil gekennzeichnet und die Zielgruppe wird häufig direkt angesprochen. Der Unterhaltungswert der Werbung besitzt einen hohen Stellenwert. Die deutsche Werbesprache hingegen vermeidet häufig eine direkte Ansprache. Es zeigt sich, dass gute Testergebnisse ein großes Überzeugungspotential besitzen und eine gewisse Skepsis gegenüber der Präsentation der eigenen Person im Internet herrscht. Eignet sich internationalisierte Werbung trotz der oben beschriebenen Problematik für den Bereich Küche und Essen? Auch diese Frage lässt sich verifizieren. Der Anteil der übersetzten Werbetexte im Internet ist sehr groß und das Bildmaterial findet sich zudem häufig im Internet und in Magazinen. Falls es positive Stereotypen gegenüber gewissen Eigenschaften eines Herstellungslandes gibt, so ermittelte die Analyse, dass sich die Betonung dieser Stereotype, ob auf linguistischer Ebene mit Fremdlexemen oder auf inhaltlicher Ebene mit Humor und Anspielungen vorteilhaft ist. Die Produktwerbung verkauft nicht nur eine Ware, sondern auch eine Sehnsucht nach einem anderen Land, eine Erinnerung an die Kindheit oder das Heimatland etc. Die Werbung ist immer auch ein Spiegel der Gesellschaft und ein Zeugnis seiner Zeit. Die „Aktion Zeitschriftenanzeige“ erkannte nach R. Haubl schon im Jahr 1971:

> „In Zeitschriftenanzeigen steht…, wie weit wir sind mit unserer Kultur, mit unserer Technik… . In ein paar Jahrzehnten wird es für Völkerkundler, Kulturgeschichtler, Philologen selbstverständlich sein, in alten Zeitschriften zu blättern. Um alte Zeitschriftenanzeigen zu lesen, um mehr über uns und unser Leben zu wissen“
> (Haubl 1992: 30).

Bibliographie

Literatur

Andree, Martin (2010): Medien machen Marken: Eine Medientheorie des Marketing und des Konsums. Campus Verlag: Frankfurt am Main.

Bahr, Hermann (1971): Briefwechsel mit seinem Vater. Bauer-Verlag: Wien; nach: Hartmann, Hans A.; Rolf Haubl (Hrsg.) (1992): Bilderflut und Sprachmagie. Fallstudien zur Kultur der Werbung. Westdeutscher Verlag GmbH: Opladen.

Baumann, Klaus-Dieter (1995): Die Verständlichkeit von Fachtexten – Ein komplexer Untersuchungsansatz. Zeitschrift Fachsprache Braumüller Verlag: Wien. H3/4.

Baumann, Klaus-Dieter (1994): Fachlichkeit von Texten. Verlag Dr. Markus Hänsel-Hohenhausen: Egelsbach.

Baumann, Klaus-Dieter (1992): Integrative Fachtextlinguistik. Gunter Narr Verlag: Tübingen.

Bendel, Sylvia (1998): Werbeanzeigen von 1622-1798: Entstehung und Entwicklung einer Textsorte. Max Niemeyer Verlag: Tübingen; nach: Tschörner, Kristin (2007): Werbeanzeigen als Spiegel der Gesellschaft. Zur Geschichte einer Textsorte. VDM Verlag Dr. Müller e.K. und Lizenzgeber: Saarbrücken.

Bode, Matthias (1999): Zeichen des Marktes: Die Semiotik der Werbung aus der Sicht der interpretativen Werbeforschung; in: Müller, Wendelin (Hrsg.): Semiotik der Werbung Zeitschrift für Semiotik Band 21, Heft ; S. 153-182; nach: Klüver, Nathalie (2009): Werbesprache als Spiegel der Gesellschaft? Anzeigentexte und Werbung im Laufe der Jahrzehnte. Diplomica Verlag GmbH: Hamburg.

Bohmann, Stephanie (1996): Englische Elemente im Gegenwartsdeutsch der Werbebranche. Tectum Verlag: Marburg.

Braun, Peter (1993): Tendenzen in der deutschen Gegenwartssprache: Sprachvarietäten. Verlag W. Kohlhammer: Stuttgart, Berlin, Köln.

Cachelin, Joël Luc (2009): Management in der Multioptionsgesellschaft. Neue Manager für neue Zeiten. Gabler Verlag: Wiesbaden.
Danesi, Marcel (2008): Why It Sells: Decoding the Meanings of Brand Names, Logos, Ads, and Other Marketing and Advertising Ploys. Rowman & Littlefield Publishers, Inc.: Lanham, Maryland.
Diller, Hermann (1992): Vahlens Großes Marketing Lexikon. Franz Vahlen Verlag: München.
Eicke, Ulrich (1991): Die Werbelawine – Angriff auf unser Bewusstsein. Knesebeck & Schuler: München; nach: Klüver, Nathalie (2009): Werbesprache als Spiegel der Gesellschaft? Anzeigentexte und Werbung im Laufe der Jahrzehnte. Diplomica Verlag GmbH: Hamburg.
Felser, Georg (1997): Werbe- und Konsumentenpsychologie: Eine Einführung. Spektrum Akademischer Verlag: Berlin/Heidelberg; nach: Tschörner, Kristin (2007): Werbeanzeigen als Spiegel der Gesellschaft. Zur Geschichte einer Textsorte. VDM Verlag Dr. Müller e.K. und Lizenzgeber: Saarbrücken.
Flader, Dieter (1972): Pragmatische Aspekte von Werbeslogans; in: Wunderlich, Dieter (1972): Linguistische Pragmatik. Band 12; Reihe Schwerpunkte Linguistik und Kommunikationswissenschaft. Athenäum-Verlag: Frankfurt am Main.
Fritz, Thomas (1993): Die Botschaft der Markenartikel: Vertextungsstrategien in der Werbung. Stauffenberg-Verlag: Tübingen.
Gadamer, Hans-Georg (1993²): Wahrheit und Methode – Ergänzungen, Register. J. C. B. Mohr (Paul Siebeck): Tübingen.
Gibbons, Joan (2005): Art and advertising. I.B.Tauris & Co Ltd: London.
Hackley, Chris (2005): advertising and promotion. communicating brands [sic]. SAGE Publications: London.
Hartmann, Hans A.; Rolf Haubl (Hrsg.) (1992): Bilderflut und Sprachmagie. Fallstudien zur Kultur der Werbung. Westdeutscher Verlag GmbH: Opladen.
Haubl, Rolf (1992): Früher oder später kriegen wir euch; in: Hartmann, Hans A.; Rolf Haubl (Hrsg.) (1992): Bilderflut und Sprachmagie. Fallstudien zur Kultur der Werbung. Westdeutscher Verlag GmbH: Opladen, 9-32.

Hemmi, Andrea (1994): „Es muss wirksam werben, wer nicht will verderben" – Kontrastive Analyse von Phraseologismen in Anzeigen-, Radio- und Fernsehwerbung. Peter Lang AG: Bern.

Hoffmann, Lothar (1987³): Kommunikationsmittel Fachsprache. Eine Einführung. Akademie Verlag Berlin: Berlin.

Hohmeister, Karl-Heinz (1981): Veränderungen in der Sprache der Anzeigenwerbung. Dargestellt an ausgewählten Beispielen aus dem 'Gießener Anzeiger' vom Jahr 1800 bis zur Gegenwart. Rita G. Fischer Verlag: Frankfurt/Main; nach: Hartmann, Hans A.; Rolf Haubl (Hrsg.) (1992): Bilderflut und Sprachmagie. Fallstudien zur Kultur der Werbung. Westdeutscher Verlag GmbH: Opladen.

Janich, Nina; Greule, Albrecht (2000): ‚… da weiß man, was man hat?' Verfremdung zum Neuen im Wortschatz der Werbung; in: Stickel, Gerhard (Hrsg.): Neues und Fremdes im deutschen Wortschatz: aktueller lexikalischer Wandel. De Gruyter: Berlin.

Janich, Nina (2001²): Werbesprache. Ein Arbeitsbuch. Gunter Narr Verlag: Tübingen; nach: Tschörner, Kristin (2007): Werbeanzeigen als Spiegel der Gesellschaft. Zur Geschichte einer Textsorte. VDM Verlag Dr. Müller e.K. und Lizenzgeber: Saarbrücken.

Jung, Thomas; Stefan Müller-Doohm, Lothar Voigt (1992): Wovon ein Schlafzimmer ein Zeichen ist; in: Hans A.; Rolf Haubl (Hrsg.) (1992): Bilderflut und Sprachmagie. Fallstudien zur Kultur der Werbung. Westdeutscher Verlag GmbH: Opladen.

Karl, Regina (2011): Werbetexte/r. Ein praxisnahes Fachbuch über Werbung, deren Texte und das Berufsbild des Werbetexters. Wissenschaftliche Beiträge aus dem Tectum Verlag. Reihe Medienwissenschaften; Bd. 18. Tectim Verlag: Marburg.

Karmasin, Helene (2007⁴): Produkte als Botschaften – Konsumenten, Marken und Produktstrategien. Mi-Fachverlag: Landsberg am Lech.

Klüver, Nathalie (2009): Werbesprache als Spiegel der Gesellschaft? Anzeigentexte und Werbung im Laufe der Jahrzehnte. Diplomica Verlag GmbH: Hamburg.

Kotler, Philip; Friedhelm Bliemel (1999[9]): Marketing-Management. Analyse, Planung, Umsetzung und Steuerung. Schäffer-Poeschel Verlag: Stuttgart.

Lagneau, Gérard (1983): Optische Tricks und Gaukelspiel. In: P. Bourdieu et.al.: Eine illegitime Kunst. Suhrkamp: Frankfurt/Main; nach: Hartmann, Hans A.; Rolf Haubl (Hrsg.) (1992): Bilderflut und Sprachmagie. Fallstudien zur Kultur der Werbung. Westdeutscher Verlag GmbH: Opladen.

Lasswell, Harold Dwight (1960): The Structure and Function of Communication in Society; in Mass Communication; hg. V. W. Schramm; S. 115-132; nach: Fritz, Thomas (1993): Die Botschaft der Markenartikel: Vertextungsstrategien in der Werbung. Stauffenberg- Verlag: Tübingen.

Lindstrom, Martin (2009): BUY·OLOGY – Warum wir kaufen, was wir kaufen. Campus Verlag: Frankfurt am Main.

Peter, Peter (2008): Kulturgeschichte der deutschen Küche. Verlag C.H.Beck oHG: München.

Piller, Ingrid (2001): Identity constructions in multilingual advertising; in: Language in Society 30, 2.; S. 153-186. Cambridge University Press: Cambridge.

Schifko, Peter (1982): Die Werbetexte aus sprachwissenschaftlicher Sicht; in: Tietz, Bruno (Hrsg.): Die Werbung: Handbuch der Kommunikations- und Werbewirtschaft; Bd. 2: Die Werbebotschaften, die Werbemittel und die Werbeträger. Verlag Moderne Industrie: München.

Schleier, Christian; Dirk Held (2012[2]): Wie Werbung wirkt. Erkenntnisse des Neuromarketing. Haufe-Lexware GmbH Co. KG: Freiberg.

Schulze, Gerhard (1993): Die Erlebnisgesellschaft: Kultursoziologie der Gegenwart. Campus Verlag: Frankfurt am Main; nach: Tschörner, Kristin (2007): Werbeanzeigen als Spiegel der Gesellschaft. Zur Geschichte einer Textsorte. VDM Verlag Dr. Müller e.K. und Lizenzgeber: Saarbrücken.

Schütte, Dagmar (1996): Das schöne Fremde – Anglo-Amerikanische Einflüsse auf die Sprache der deutschen Zeitschriftenwerbung. Westdeutscher Verlag: Opladen.

Siegert, Gabriele; Dieter Brecheis (2005): Werbung in der Medien- und Informationsgesellschaft. Eine kommunikationswissenschaftliche Einführung. VS Verlag für Sozialwissenschaften/ GWV Fachverlage GmbH: Wiesbaden.

Snell-Hornby, Mary; Hans G. Hörnig, Paul Kußmaul, Peter A. Schmitt (Hrsg.) (1999[2]): Handbuch Translation. Stauffenburg Verlag Brigitte Narr GmbH: Tübingen.

Spang, Kurt (1987): Grundlagen der Literatur- und Werberhetorik. Edition Reichenberger: Kassel.

Spillner, Bernd (1982): Stilanalyse semiotisch komplexer Texte. Zum Verhältnis von sprachlicher und bildlicher Information in Werbeanzeigen, in: Kodikas/ Code – Ars semeiotica 4/5: 91-106; nach: Stöckl, Hartmut (1997): Werbung in Wort und Bild – Textstil und Semiotik englischsprachiger Anzeigenwerbung. Peter Lang AG: Bern.

Stöckl, Hartmut (1997): Werbung in Wort und Bild – Textstil und Semiotik englischsprachiger Anzeigenwerbung. Peter Lang AG: Bern.

Szailles, Rüdiger (04/1987): Der neue Konsument. Vom Otto-Normal-Verbraucher zum Ultra? Stationen und Perspektiven einer Konsumentenkarriere. Marketing Journal: Hamburg; nach: Klüver, Nathalie (2009): Werbesprache als Spiegel der Gesellschaft? Anzeigentexte und Werbung im Laufe der Jahrzehnte. Diplomica Verlag GmbH: Hamburg.

Tschörner, Kristin (2007): Werbeanzeigen als Spiegel der Gesellschaft. Zur Geschichte einer Textsorte. VDM Verlag Dr. Müller e.K. und Lizenzgeber: Saarbrücken.

Uebel, Matthias F.; Stefan Helmke, Wilhelm Dangelmaier (Hrsg.) (2004[2]): Praxis des Customer Relationship Management. Branchenlösungen und Erfahrungsberichte. Dr. Th. Gabler/GWV Fachverlage GmbH: Wiesbaden.

Vogt, Ludgera (1992): Was hat ein Telegramm mit Treue zu tun? Eine kultursoziologisch-semiotische Studie zu Text-Bild-Montagen; in: Hartmann, Hans A.; Rolf Haubl (Hrsg.) (1992): Bilderflut und Sprachmagie. Fallstudien zur Kultur der Werbung. Westdeutscher Verlag GmbH: Opladen.

Wehner, Christa (1995): Überzeugungsstrategien in der Werbung – eine Längsschnittanalyse von Zeitschriftenanzeigen des 20. Jahrhunderts. VS Verlag für Sozialwissenschaften: Opladen; nach: Klüver, Nathalie (2009): Werbesprache als Spiegel der Gesellschaft? Anzeigentexte und Werbung im Laufe der Jahrzehnte. Diplomica Verlag GmbH: Hamburg.

Wells, William; John Burnett, Sandra Moriarty (1989): Advertising: Principles and Practice. Prentice-Hall International Editions: Englewood Cliffs, New Jersey.

Zillig, Werner (2000): Vorsicht Hintersinn: Tücken im Werbeslogan in Aquisa August; nach: Klüver, Nathalie (2009): Werbesprache als Spiegel der Gesellschaft? Anzeigentexte und Werbung im Laufe der Jahrzehnte. Diplomica Verlag GmbH: Hamburg.

Internetquellen

Web 1:

Androutsopoulos, Jannis K.; Nevin Bozkurt, Simone Brenick, Catrin Kreyer, Markus Tornow, Verena Tschann (2004): Sprachwahl im Werbeslogan. Zeitliche Entwicklung und branchenspezifische Verteilung englischer Slogans in der Datenbank von slogans.de. NET.WORX Die Online-Schriftenreihe des Projekts Sprache@Web: Hannover. (08.07.2014)
<http://www.mediensprache.net/networx/networx-41.pdf> (08.07.2014)

Web 2:

Anwar, André (19.05.2010): Erotik ohne Anreiz. Süddeutsche online.
<http://www.sueddeutsche.de/wissen/werbung-erotik-ohne-anreiz-1.911158> (08.07.2014)

Web 3:

Bauer-Hallberg, Monika (25.11.2013): Vom ewigen Studenten zum Milliardär: „Mister Red Bull“ Dietrich Mateschitz
<http://www.finanzen.net/nachricht/private-finanzen/Marketing-hoch-2-Vom-ewigen- Studenten-zum-Milliardaer-Mister-Red-Bull-Dietrich-Mateschitz-2797498> (26.08.2014)

Web 4:
Baumgärtel, Tilman (07.04.2014): Street View zeigt eine längst vergangene Welt.
<http://www.zeit.de/digital/internet/2014-04/google-street-view-veraltet/seite-2> (20.08.2014)

Web 5:
Becel. Petras Erfolgsgeschichte.
<http://www.becel.de/proactiv/erfolgsgeschichten/case-study-petra.aspx> (20.08.2014)

Web 6:
Becel[2]. Illonas Erfolgsgeschichte
<http://www.becel.de/proactiv/erfolgsgeschichten/case-study-ilona.aspx> (20.08.2014)

Web 7:
Becel[3]. Eugen-Peters Erfolgsgeschichte.
<http://www.becel.de/proactiv/erfolgsgeschichten/case-study-eugen-peter.aspx> (20.08.2014)

Web 8:
Breithut, Jörg (05.07.2013): Werbung im Zug: Sprechende Fenster wecken schlafende Pendler. Spiegel Online Netzwelt.
<http://www.spiegel.de/netzwelt/gadgets/sprechende-zugfenster-diese-werbung-weckt- schlafende-pendler-a-909619.html> (06.05.2014)

Web 9:
Der Spiegel (29.12.10): Isabelle Caro – ein Model als Darstellung des Todes
<http://www.welt.de/vermischtes/prominente/article11887631/Isabelle-Caro-ein-Model- als-Darstellung-des-Todes.html> (26.08.2014)

Web 10:
Der Spiegel (09.05.2014): Werbepanne: Ariel wirbt mit dem Kürzel für Hitler-Gruß.
<http://www.spiegel.de/wirtschaft/unternehmen/ariel-wirbt-mit-88-dem-kuerzel-fuer-den- hitler-gruss-a-968582.html> (30.05.2015)

Web 11:
Deutsches Tiefkühlinstitut e.V. (2014): Tag der Tiefkühlkost – 6. März 2014. <http://www.tiefkuehlkost.de/aktuelles/pressemeldungen/pm-2014-002-tag-der- tiefkuehlkost> (08.06.2014)

Web 12:
Duden. Wörterbucheintrag „unkaputtbar". <http://www.duden.de/rechtschreibung/unkaputtbar> (03.05.2014)

Web 13:
Duden. Groß- oder Kleinschreibung von „du/Du" und „ihr/Ihr". <http://www.duden.de/sprachwissen/sprachratgeber/gross-oder-kleinschreibung-von--em- du-du--em--und--em-ihr-ihr--em--1> (16.08.2014)

Web 14:
Dove. Initiative für wahre Schönheit. <http://www.unilever.de/brands-in-action/detail/Dove/312458/> (02.05.2014)

Web 15:
Dramburg, Sebastian (03.09.2013): Irreführende Werbung durch Photoshop? <http://www.lawbster.de/werbung-photoshop/> (08.05.2014)

Web 16:
Ehrhardt, Claus (2004): Interkulturelle Kommunikation Deutschland – Italien: Grundlagen und Inhalte eines Doppel-Diplom-Studiengangs; in: Info DaF Informationen Deutsch als Fremdsprache. Nr.1. 31. Jahrgang. <http://www.daf.de/downloads/InfoDaF_2004_Heft_1.pdf#page=52> (16.05.2014)

Web 17:
Endmark (2003): Englische Werbeslogans werden kaum verstanden. Untersuchung von englischsprachiger Werbung in Deutschlandkommt zu bemerkenswerten Ergebnisse.

<http://www.coconnet.com/download_1.pdf>
(02.05.2014)

Web 18:
Endmark². Geschäftsführung.
<http://www.endmark.de/agentur/geschaeftsfuehrung/dr-bernd-m-samland/>
(02.05.2014)

Web 19:
Endmark³. Neue ENDMARK Claim-Studie. Übersetzt Du noch oder fährst Du schon?
<http://www.endmark.de/index.php?id=36&no_cache=1&sav_library=908ee7ea21e00121.
03103> (02.05.2014).

Web 20:
Endmark TV. Come in and find out: Endmark Claimstudie 2003.
<http://www.youtube.com/watch?v=b_phs7z6wz4>
(02.05.2014)

Web 21:
Facebook: Karl, the Bosch engineer.
<https://www.facebook.com/KarlTheBoschEngineer/info>
(13.08.2014)

Web 22:
Frankfurter Rundschau (10.12.2009): Farbpsychologie und Werbung. „Mit Grün kann man nichts falsch machen".
<http://www.fr-online.de/panorama/farbpsychologie-und-werbung--mit-gruen-kann-man- nichts-falsch-machen-,1472782,3188576,item,0.html>
(11.05.2014)

Web 23:
Feige, Stephan (22.01.2009): Doppeldeutige Werbeslogans.
<http://www.slogans.de/magazine.php?Op=Article&Id=19>
(08.07.2014)

Web 24:
Green Giant. Our story.
<http://greengiant.com/our-story>
(16.05.2014)

Web 25:
Gründerszene Lexikon. Begriff Crowdsourcing.
<http://www.gruenderszene.de/lexikon/begriffe/crowdsourcing> (17.08.2014)

Web 26:
Hainke, Thomas: Das AIDA(S)-Modell.
<http://www.direktmarketing-essentials.de/marketing/12-aida-modell.html>
(06.07.2014)

Web 27:
Hahn-Hübner, Martina (17.01.2012): Fotos von Lebensmitteln regen durch Hormonausschüttung Appetit an.
<http://www.fid-gesundheitswissen.de/fotos-von-lebensmitteln-regen-durch- hormonausschuettung-appetit-an/102038172/>
(17.08.2014)

Web 28:
Handelsblatt.de (06.07.2000): Werbung ohne Produkt – Der neue Energiekonzern E.ON
macht mit Roter Farbe die Öffentlichkeit neugierig.
<http://www.handelsblatt.com/archiv/werbung-ohne-produkt/1992254.html>
(29.05.2014)

Web 29:
Haslauer, Andreas (18.02.2009): Cocooning – Daheim ist es doch am schönsten. Focus Online.
<http://www.focus.de/finanzen/boerse/cocooning-daheim-ist-es-doch-am- schoensten_aid_372062.html> (18.05.2014)

Web 30:
Krogh, Henning (10.4 2011): "Enjoyneering" bei Seat. Automobilwoche. Die Branchen- und Wirtschaftszeitung.

<http://www.automobilwoche.de/apps/pbcs.dll/article?AID=/20110419/NACHRICHTEN/110419937/enjoyneering-bei-seat#.U2UXq_1_uQg> (03.05.2014)

Web 31:
Leffers, Jochen (2004): Denglisch in der Werbung: Komm rein und finde wieder raus. Spiegel Online: Hamburg.
<http://www.spiegel.de/unispiegel/wunderbar/denglisch-in-der-werbung-komm-rein-und- finde-wieder-raus-a-310548.html> (02.05.2014)

Web 32:
Lyons, Richard D. (29.01.1994): Reuben Mattus, 81, the Founder of Haagen-Dazs [sic]. New York Times.
<http://www.nytimes.com/1994/01/29/obituaries/reuben-mattus-81-the-founder-of-haagen- dazs.html> (29.06.2014)

Web 33:
Milewski, Michael (12.03.2007): Wildes Marketing für Jägermeister.
<http://www.absatzwirtschaft.de/content/_p=1004040,an=030712416> (24.05.2014)

Web 34:
Nestlé. Faktenblatt Cerealien.
<file:///C:/Users/Silke%20Friedrich/Downloads/CPD_Faktenblatt%20Cerealien_130308%20(1).pdf> (03.05.2014)

Web 35:
Oxford Dictionaries. Bakewell tart.
<http://www.oxforddictionaries.com/definition/english/Bakewell-tart> (20.08.2014)

Web 36:
Oxford Dictionaries. Christmas pudding.
<http://www.oxforddictionaries.com/definition/english/Christmas- pudding?q=Christmas+Pudding> (20.08.2014)

Web 37:
Oxford Dictionaries. Macaroons.

<http://www.oxforddictionaries.com/definition/english/macaroon?q=M acaroons> (20.08.2014)

Web 38:
Pimpl, Roland (13.06.2013): Zeitungsgipfel: Marketer misstrauen Werbewirkungsforschung der Medien.
<http://www.horizont.net/aktuell/medien/pages/protected/Zeitungsgipfel-Marketer- misstrauen-Werbewirkungsforschung-der-Medien_115097.html> (04.05.2014)

Web 39:
PM Magazin (10/2012): Wie kam die englische Küche zu ihrem schlechten Ruf?
<http://www.pm-magazin.de/r/gute-frage/wie-kam-die-englische-k%C3%BCche-zu- ihrem-schlechten-ruf> (16.05.2014)

Web 40:
Presseportal (24.04.2014). TV-Werbung wie in der guten neuen Zeit – Die Premiumfashionplattform Department47 startet mit erstem TV-Spot.
<http://www.presseportal.de/pm/113036/2719901/tv-werbung-wie-in-der-guten-neuen- zeit-die-premiumfashionplattform-department47-startet-mit-erstem> (24.06.2014)

Web 41:
Pollmann, Maike. Was bezeichnen Astronomen als Spaghettisierung? Spektrum.de
<http://www.spektrum.de/quiz/was-bezeichnen-astronomen-als-spaghettisierung/911989> (18.05.2014)

Web 42:
Rosenkranz, Stefanie (27.07.2008): Madame Pompadour.
<http://www.stern.de/lifestyle/leute/carla-bruni-madame-pompadour-632299.html> (22.08.2014)

Web 43:
Schrot und Korn (07/2006): Schwung für die Küche.
<http://www.schrotundkorn.de/2006/200607sp02.html> (16.05.2014)

Web 44:
Schümer, Dirk (28.09.2002): Spaghettisiert euch – Alle Welt beklagt den amerikanischen Einfluß, doch die globale Leitkultur kommt aus Italien. Frankfurter Allgemeine Zeitung; nach: Ehrhardt, Claus (2004): Interkulturelle Kommunikation Deutschland – Italien: Grundlagen und Inhalte eines Doppel-Diplom-Studiengangs; in: Info DaF Informationen Deutsch als Fremdsprache. Nr.1. 31. Jahrgang.
<http://www.daf.de/downloads/InfoDaF_2004_Heft_1.pdf#page=52> (16.05.2014)

Web 45:
Slogans.de. Die Datenbank der Werbung. „Douglas".
<http://www.slogans.de/slogans.php?BSelect%5B%5D=396> (02.05.2014)

Web 46:
Sparkassengeschichte. „Wenn's um Geld geht…Sparkasse". Professionalisierung in Werbung und Marketing.
<http://www.svn.de/sparkassengeschichten/geschichten/wenns-um-geld-geht.html> (03.05.2014)

Web 47:
Springer Gabler Wirtschaftslexikon. Begriff „Werbewirkungsforschung".
<http://wirtschaftslexikon.gabler.de/Definition/werbewirkungsforschung.html> (15.6.2014)

Web 48:
Springer Gabler Wirtschaftslexikon. Begriff „Virales Marketing".
<http://wirtschaftslexikon.gabler.de/Definition/viral-marketing.html> (23.08.2014)

Web 49:
Stern.de (7.12.2004): Was macht eigentlich… Günter Geiermann.
<http://www.stern.de/lifestyle/leute/was-macht-eigentlich-guenter-geiermann-533281.html> (11.05.2014)

Web 50:
Tagesspiegel.de (03.09.2007): Kleine Tiere und Kinder ziehen immer. <http://www.tagesspiegel.de/wirtschaft/unternehmen/kinderschokolade-werbung-kleine- tiere-und-kinder-ziehen-immer/1032242.html> (16.05.2014)

Web 51:
The Guardian (19.04.2001): Robin Cook's chicken tikka masala speech. <http://www.theguardian.com/world/2001/apr/19/race.britishidentity> (16.05.2014)

Web 52:
Verein Deutsche Sprache. Der Anglizismen-INDEX. <http://www.vds-ev.de/anglizismenindex> (04.05.2014)

Web 53:
Verein Deutsche Sprache. Sprüche und Zitate zur deutschen Sprache. <http://www.vds-ev.de/ag-literarisches-sprueche-zitate> (06.08.2014)

Web 54:
Vogt, Jonas (21.07.2010): „Apple-Produkte waren nie fantastisch". TAZ.de <http://www.taz.de/!55931/> (23.05.2014)

Web 55:
Welt online (29.03.2011): Mediterrane Silben für deutsche Markennamen. <http://www.welt.de/wirtschaft/article13000856/Mediterrane-Silben-fuer-deutsche- Markennamen.html> (29.06.2014)

Web 56:
Zentralverband der deutschen Werbewirtschaft e.V.: Werbeklima. Positiver Image-Trend für Anzeigen und TV-Spots. <http://www.zaw.de/index.php?menuid=66 > (09.05.2014)

Web 57:
Zentralverband der deutschen Werbewirtschaft e.V.[2] (12.03.2014): Sexistische Werbemotive – Werberat kritisiert frauenfeindliche Online- und Plakatwerbung. <http://zaw.de/index.php?menuid=98&reporeid=891> (09.05.2014)

Web 58:
Zentralverband der deutschen Werbewirtschaft e.V.[3] (13.12.2013): Nach Rüge des Werberats – redcoon tauscht beanstandete TV-Spots aus.
< http://zaw.de/index.php?menuid=98&reporeid=885> (09.05.2014)

Web 59:
7-forum.com (01.12.2008): „Das Cabrio in Ihren Händen!“ Die Launchkampagne des neuen Mini Cabrios.
<http://www.7-forum.com/news/Das-Cabrio-in-Ihren-Haenden!-Die-Launchk-2585.html> (07.08.2014)

Werbeanzeigen:

Anzeige 1:
Anzeige der Ariel-Sonderedition zur Fußballweltmeisterschaft 2014
<http://www.kraftfuttermischwerk.de/blogg/wp-content/uploads2/2014/05 /wzjVbs6.jpg> (30.05.2014)

Anzeige 2:
Anzeige „Silk Cut“ in Beattie, Trevor (31.10.2010). “Now back to me!' From World War Two to the Old Spice man, ten of the greatest advertising campaigns of our time”
<http://www.dailymail.co.uk/home/moslive/article-1324208/Barack-Obamas-Yes-World- War-Twos-Dig-Victory-Ten-greatest-advertising-campaigns.html> (25.05.2014)

Anhang

Anhang 1: Zustimmung zur Werbung steigt weiter (Web 56)

Grundgesamtheit der deutschsprachigen Bevölkerung ab 14 Jahre
32.218 Personen repräsentieren 70,2 Mio. Einwohner

Einstellung zur Werbung (Feststellungen, Meinungen: stimme voll zu, weitgehend zu) Angaben in Prozent	**2009**	**2010**	**2011**	**2012**
Werbung ist eigentlich ganz hilfreich für den Verbraucher	58,6	61,2	61,8	62,1
Werbung ist meist recht unterhaltsam	43,6	45,5	47,5	47,9
Werbung im Fernsehen halte ich für recht informativ	43,2	46,2	48,1	48,2
Ich sehe mir eigentlich ganz gern Anzeigen in Zeitungen und Zeitschriften an	48,3	50,7	51,0	50,5
Anzeigen in Zeitungen und Zeitschriften halte ich für recht informativ	56,2	58,1	58,5	58,4
Wenn ich unterwegs bin, fällt mir häufiger interessante Werbung auf Plakaten auf *	-	-	38,4	36,1
Werbung im Internet finde ich manchmal richtig gut	-	20,4	23,5	23,6

Quelle: VerbraucherAnalyse 2009, 2010, 2011 und 2012; Auftraggeber: Bauer Verlagsgruppe und Axel Springer AG (beide Hamburg); genaue Methodenbeschreibung im jeweiligen Code Plan/ZAW

*Werte erst ab 2011 vorhanden; Grundgesamtheit ab 12 Jahren; 33221 Personen repräsentieren 71,8 Mio Personen

Anhang 2: Marketing- und Kommunikationsziele (Karl 2011: 81)

Marketingziele	**Kommunikationsziele**
Neukundenakquise	Imagepflege
neues Produkt	Vermittlung von Denkweisen („Wir lieben Lebensmittel" – Edeka)
Vergrößerung des Bekanntheitsgrades	räumliche Präsenz abstecken (regional europaweit, weltweit?)
mehr Umsatz und Gewinn	verkaufsfördernde Tonality
Markeneinführung	soziale Aspekte, Umweltbewusstsein

Anhang 3: Foto der Ariel-Sonderedition zur Fußballweltmeisterschaft 2014 (Anzeige 1)

Anhang 3: Silk Cut-Plakat (Anzeige 2)

Anhang 4: „Alltagsästhetische Schemata im 21. Jahrhundert" (Schulze 1993: 163, nach Tschörner 2007: 42)

Alltagsästhetische Schemata	typische Zeichen (3 Beispiele)	Bedeutungen		
		Genuß	Distinktion	Lebensphilosophie
Hochkulturschema	klassische Musik, Museumsbesuch, Lektüre „guter Literatur"	Kontemplation	antibarbarisch	Perfektion
Trivialschema	Deutscher Schlager, Fernsehquiz, Arztroman	Gemütlichkeit	antiexzentrisch	Harmonie
Spannungsschema	Rockmusik, Thriller, Ausgehen (Kneipen, Discos, Kinos usw.)	Action	antikonventionell	Narzißmus

Anhang 5: Schema „Gemeinsames Wissen zwischen Designer und Interpret“ (Hartmann 1992: 279)

Das ‘Wissen’ ist

		dem Interpreten	
		zugänglich	nicht zugänglich
dem Designer	zugänglich	Fall 1	Fall 2
	nicht zugänglich	Fall 3	Fall 4

Anhang 6: Verständnis englischer Claims in Deutschland (Web 17)

Ranking	Claim	Absender	voll verstanden in %	Geglaubt, verstanden zu haben in %
01	Every time a good time	McDonald’s	59	65
02	There’s no better way to fly	Lufthansa	54	62
03	Come in and find out	Douglas	34	54
04	Powered by emotion	SAT.1	33	49
05	We are drivers too	Esso	31	44
06	Stimulate your senses	Loewe	25	34
07	Share moments, share life	Kodak	24	29
08	Driven by instinct	Audi TT	22	30
09	Where money lives	Citibank	21	34
10	Drive Alive	Mitsubishi	18	28
11	Be inspired	Siemens mobile	15	19
12	One Group. Multi Utilities.	RWE	8	15

Sloganverzeichnis:

Die Bände 1 bis 77 sind im Verlag Gunter Narr erschienen.

Band 78 Hartwig Kalverkämper: Textsortengeschichte und Fächertradition. Systeme im Wandel zwischen französischer Klassik und Aufklärung (1650–1750). ISBN 978-3-86596-175-4

Band 79 Jin Zhao: Interkulturalität von Textsortenkonventionen. Vergleich deutscher und chinesischer Kulturstile: Imagebroschüren. 392 Seiten. ISBN 978-3-86596-169-3

Band 80 Klaus-Dieter Baumann/Hartwig Kalverkämper [Hg.]: Fachtextsorten – in – Vernetzung. Interdisziplinäre Innovationen. ISBN 978-3-86596-160-0

Band 81 Henrike Täuscher: Fachlichkeit in der Werbung für Laien: Deutsche und französische Anzeigen im Vergleich. ISBN 978-3-86596-162-4

Band 82 Tim Peters: Macht im Kommunikationsgefälle: der Arzt und sein Patient. 212 Seiten. ISBN 978-3-86596-181-5

Band 83 Hans P. Krings/Felix Mayer (Hg.): Sprachenvielfalt im Kontext von Fachkommunikation, Übersetzung und Fremdsprachenunterricht. Für Reiner Arntz zum 65. Geburtstag. 530 Seiten. ISBN 978-3-86596-192-1

Band 84 Encarnación Tabares Plasencia/Vessela Ivanova/Elke Krüger (Eds.): Análisis lingüístico contrastivo de textos especializados en español y alemán. 258 Seiten. ISBN 978-3-86596-190-7

Band 85 Nancy Hadlich: Analyse evidenter Anglizismen in Psychiatrie und Logistik. 458 Seiten. ISBN 978-3-86596-380-2

Frank & Timme

Verlag für wissenschaftliche Literatur

Band 86 Eva Martha Eckkrammer (Ed.): La comparación en los lenguajes de especialidad. 302 Seiten. ISBN 978-3-86596-216-4

Band 87 Maria Mushchinina: Rechtsterminologie – ein Beschreibungsmodell. Das russische Recht des geistigen Eigentums. 396 Seiten. ISBN 978-3-86596-218-8

Band 88 Sylvia Reinart: Kulturspezifik in der Fachübersetzung. Die Bedeutung der Kulturkompetenz bei der Translation fachsprachlicher und fachbezogener Texte. 562 Seiten. ISBN 978-3-86596-235-5

Band 89 Radegundis Stolze: Fachübersetzen – Ein Lehrbuch für Theorie und Praxis. 3. Auflage. 420 Seiten. ISBN 978-3-86596-257-7

Band 90 Carmen Heine: Modell zur Produktion von Online-Hilfen. 318 Seiten mit CD. ISBN 978-3-86596-263-8

Band 91 Brigitte Horn-Helf: Konventionen technischer Kommunikation: Makro- und mikrokulturelle Kontraste in Anleitungen. 614 Seiten mit CD. ISBN 978-3-86596-233-1

Band 92 Marina Adams: Wandel im Fach. Historiographie von DaF als Fachsprachen-Disziplin in der DDR. 460 Seiten. ISBN 978-3-86596-269-0

Band 93 Carsten Sinner: Wissenschaftliches Schreiben in Portugal zum Ende des *Antigo Regime* (1779–1821). Die Memórias económicas der *Academia das Ciências de Lisboa*. 714 Seiten. ISBN 978-3-86596-277-5

Band 94 Laurent Gautier (éd.): Les discours de la bourse et de la finance. 186 Seiten. ISBN 978-3-86596-302-4

FORUM FÜR FACHSPRACHEN-FORSCHUNG

Band 96 Julia Neu: Mündliche Fachtexte der französischen Rechtssprache. 294 Seiten. ISBN 978-3-86596-351-2

Band 97 Mehmet Tahir Öncü: Probleme interkultureller Kommunikation bei Gerichtsverhandlungen mit Türken und Deutschen. 168 Seiten. ISBN 978-3-86596-387-1

Bd. 98/99 Klaus-Dieter Baumann (Hg.): Fach – Translat – Kultur. Interdisziplinäre Aspekte der vernetzten Vielfalt. 2 Bände im Schuber, zus. 1562 Seiten. ISBN 978-3-86596-209-6

Band 102 Anastasiya Kornetzki: Contrastive Analysis of News Text Types in Russian, British and American Business Online and Print Media. 378 Seiten. ISBN 978-3-86596-420-5

Band 103 Ingrid Simonnæs: Rechtskommunikation national und international im Spannungsfeld von Hermeneutik, Kognition und Pragmatik. 304 Seiten. ISBN 978-3-86596-427-4

Band 104 Svenja Dufferain: Tyronyme – zur strategischen Wortbildung französischer Käsemarkennamen. 140 Seiten. ISBN 978-3-86596-428-1

Band 108 Lucia Udvari: Einführung in die Technik der Rechtsübersetzung vom Italienischen ins Deutsche. Ein Arbeitsbuch mit interdisziplinärem Ansatz. 316 Seiten. ISBN 978-3-86596-516-5

Band 109 Mehmet Tahir Öncü: Kulturspezifische Aspekte in technischen Texten. Eine Analyse deutsch- und türkischsprachiger Gebrauchsanleitungen. 212 Seiten. ISBN 978-3-86596-517-2

Band 110 Cornelia Griebel: Rechtsübersetzung und Rechtswissen. Kognitionstranslatologische Überlegungen und empirische Untersuchung des Übersetzungsprozesses. 432 Seiten mit CD. ISBN 978-3-86596-534-9

Frank & Timme

Verlag für wissenschaftliche Literatur

Band 111 Laura Sergo/Ursula Wienen/Vahram Atayan (Hg.): Fachsprache(n) in der Romania. Entwicklung, Verwendung, Übersetzung. 458 Seiten. ISBN 978-3-86596-404-5

Band 112 Birte Möpert: Die Fachsprache des Tanzes. 218 Seiten. ISBN 978-3-7329-0012-1

Band 113 Marina Brambilla/Joachim Gerdes/Chiara Messina (Hg.): Diatopische Variation in der deutschen Rechtssprache. 382 Seiten. ISBN 978-3-86596-447-2

Band 114 Christiane Zehrer: Wissenskommunikation in der technischen Redaktion. Die situierte Gestaltung adäquater Kommunikation. 406 Seiten. ISBN 978-3-7329-0032-9

Band 115 Tanja Wissik: Terminologische Variation in der Rechts- und Verwaltungssprache. Deutschland – Österreich – Schweiz. 394 Seiten. ISBN 978-3-7329-0004-6

Band 116 Larissa Alexandrovna Manerko/Klaus-Dieter Baumann/Hartwig Kalverkämper (eds.): Terminology Science in Russia today. From the Past to the Future. 460 Seiten. ISBN 978-3-7329-0051-0

Band 117 Georg Löckinger: Übersetzungsorientierte Fachwörterbücher. Entwicklung und Erprobung eines innovativen Modells. 322 Seiten. ISBN 978-3-7329-0053-4

Band 118 Kerstin Petermann: Verbale und nonverbale Vagheit in englisch- und deutschsprachigen Interviews. 418 Seiten. ISBN 978-3-7329-0061-9

Band 119 Encarnación Tabares Plasencia (ed.): Fraseología jurídica contrastiva español–alemán/Kontrastive Fachphraseologie der spanischen und deutschen Rechtssprache. 148 Seiten. ISBN 978-3-86596-528-8

Frank & Timme

Verlag für wissenschaftliche Literatur

FORUM FÜR FACHSPRACHEN-FORSCHUNG

Band 120 Klaus-Dieter Baumann/Jan-Eric Dörr/Katja Klammer (Hg.): Fachstile – Systematische Ortung einer interdisziplinären Kategorie. 216 Seiten. ISBN 978-3-7329-0105-0

Band 121 Jenny Brumme/Carmen López Ferrero (eds.): La ciencia como diálogo entre teorías, textos y lenguas. 348 Seiten. ISBN 978-3-7329-0130-2

Band 122 Ingrid Simonnæs: Basiswissen deutsches Recht für Übersetzer. Mit Übersetzungsübungen und Verständnisfragen. 202 Seiten. ISBN 978-3-7329-0133-3

Band 123 Silke Friedrich: Deutsch- und englischsprachige Werbung. Textpragmatik, Medialität, Kulturspezifik. 142 Seiten. ISBN 978-3-7329-0152-4

Band 124 Bernhard Haidacher: Bargeldmetaphern im Französischen. Eine kontrastive Untersuchung zur interlingual divergierenden Metaphorik. 368 Seiten. ISBN 978-3-7329-0124-1

Band 125 Erin Boggs: The Language for Specific Purposes of U.S. Public Diplomacy. 150 Seiten. ISBN 978-3-7329-0150-0

Frank & Timme

Verlag für wissenschaftliche Literatur

Printed in Poland
by Amazon Fulfillment
Poland Sp. z o.o., Wrocław

48298084R00081